中国光华科技基金会公益支持

智慧能源

——产业创新与实践

王忠敏　刘东　著

中国质检出版社
中国标准出版社

北　京

图书在版编目（CIP）数据

智慧能源：产业创新与实践／王忠敏，刘东著．—北京：中国标准出版

社，2014.7

ISBN 978－7－5066－7571－0

Ⅰ．①智…　Ⅱ．①王…②刘…　Ⅲ．①能源　Ⅳ．①TK01

中国版本图书馆 CIP 数据核字（2014）第 133286 号

中国质检出版社
中国标准出版社 出版发行

北京市朝阳区和平里西街甲 2 号（100029）

北京市西城区三里河北街 16 号（100045）

网址：www. spc. net. cn

总编室：（010）64275323　发行中心：（010）51780235

读者服务部：（010）68523946

中国标准出版社秦皇岛印刷厂印刷

各地新华书店经销

*

开本 710×1000　1/16　印张 14.75　字数 173　千字

2014 年 7 月第一版　　2014 年 7 月第一次印刷

*

定价 34.00 元

自序

    2012 年 6 月，由美国人杰里米·里夫金编写的《第三次工业革命》传入中国。仅仅一年半的时间里，该书就被印刷了 37 次，得到了政府、媒体、民众的普遍关注。中央政府的高层领导指示国家发改委和国务院发展研究中心"密切关注"；北京、上海、浙江、江苏、安徽、云南等省市组织全面学习。新华网头条报道，全球正迎来第三次工业革命，转变经济发展方式已经刻不容缓，评介这是一本有可能改变中国命运的书。

    为什么这样一本洋著作会迅速在中国热起来？是因为作者敏锐地发现，人类历史上数次重大的经济革命都是在新的通信技术和新的能源系统结合之际发生的。当前，新的通信技术和新的能源系统结合将再次出现，其标志就是互联网技术和可再生能源将结合起来，作者认为，这将为第三次工业革命创造强大的基础设施，以此推动可持续发展。作者还为我们描绘了第三次工业革命的宏伟蓝图：数以亿计的人们将在自己的家里、办公室里、工厂里生产出自己的绿色能源，并在"能源互联网"上与大家分享，就好像在网上发布、分享消息一样。这样的新经济模式对于在互联网时代努力实践中华民族伟大振兴中国梦的有识之士来说，无疑具有相当的感召力和影响力。

    比杰里米·里夫金的诱惑来得更早些的是 IBM 公司关于"智慧地球"的美妙幻想。在互联网把地球这样一个椭圆型的球体变得越来越扁平化的今天，IBM 公司早就懂得机遇只有一次这样的道理。机遇是什么？机遇就是事情发展的趋势开端。当每一次趋势开始形成也就是机遇到来的时候，总要经历风起于青苹之末，舞于松柏之下的必然过程。对待这一过程，不同的人会有看得见看不见，看得起看不起，看得懂看不懂，来得及来不及的问题。然而趋势和机遇就像一匹马，如果在马后面追，你永远都追不上。对于聪明人来说，当别人不明白的时候，他明白自己在做什么；当别人不理解的时候，他理解自己在做什么；当别人明白了，他富有了；当别人理解了，他成功了，这就叫做抓住了机遇。对于这一次刮起的智慧地球之风来说，IBM 公司应该就是这样的大赢家。对于第三次工业革命新经济模式来说，杰里米·里夫金也是这样的大赢家。智慧能源就是裹在他们二者之间的初起微风。现在，这股风已经晃动了可持续发展水面上的"田字草"，有人依此看到了风起的端倪，正准备迎风起舞于松柏之下。我们期待着这样的舞者。

著者

2014 年 5 月 1 日

目
录

◎ 理论篇

第一章 智慧能源话题的由来…………3

从智慧地球到智慧城市…………3

从智慧城市到智慧能源…………7

国内智慧能源的论著…………8

从概念到实践…………11

智慧能源产业…………12

第二章 我们已知的能源…………16

能源和载能体…………16

能的不同形式…………18

能量的释放…………22

能源转换和能源分类…………23

能量守恒与能源节约…………26

第三章 节约能源的历史责任…………30

能源的有限性与无限性…………30

能源需求的刚性与弹性…………31

中国城市化进程带来的能源压力…………35

庞大的能源包袱…………38

新能源的开发与利用…………40

第四章　气候变化与节能减排…………43

气候变化问题的由来…………43

四十二年的回顾…………47

中国的认识与行动…………50

应对气候变化的责任…………52

节能和减排的关系…………56

我国的能源结构与节能减排的压力…………58

节能就是最廉价的开发…………61

中国的节能减排状况…………62

克服盲目乐观，正视节能减排问题…………65

第五章　节能措施综述…………69

国家节能政策…………69

十八届三中全会最新政策解读…………71

国家发展节能环保产业的战略目标…………72

节能技术改造和节能技术服务…………73

合同能源管理…………75

部分国家和地区节能服务产业的发展状况…………77

中国的节能服务产业…………80

节能技术服务的类型…………85

节能项目实施合同能源管理的益处…………86

国内实施合同能源管理中存在的问题…………87

第六章　终端能源消费和终端能效管理…………92

终端产品的概念…………92

终端能源消费的概念…………94

中国终端能效项目…………95

中国的能效标识制度…………97

节能产品惠民工程…………99

惠民工程的利与弊…………101

能效领跑者标准制度…………105

产品生态设计与生命周期评价…………108

第七章　互联网与节能…………113

互联网改变一切…………113

互联网的升级与挑战（从 IPv4 到 IPv6）…………114

下一代互联网发展面临的重大机遇…………116

发展下一代互联网面临的问题…………117

从社交平台到产业应用…………118

互联网产业创新的特征…………119

营造互联网产业创新发展的良好环境…………120

互联网成为节能减排的技术基础…………122

第八章　智慧能源和智慧能源产业…………124

何谓智慧能源…………124

智慧能源产业的技术路线…………125

能源技术与信息技术的纽带——IEEE 1888 标准…………126

IEEE 1888 系列子标准…………128

IEEE 1888 标准系统架构…………130

IEEE 1888 通信协议……………135

IEEE 1888 系统的关键基础技术与系统创新…………137

◎ 实践篇

第九章　国外应用实践 ……………………… 145

　【案例1】美国 …………………………………… 145

　【案例2】日本 …………………………………… 148

　【案例3】欧洲 …………………………………… 154

第十章　国内应用实践 ……………………… 159

　【案例1】北京天地互连信息技术有限公司 ……………… 159

　【案例2】杭州哲达科技股份有限公司 …………………… 165

　【案例3】中国电信股份有限公司北京研究院 …………… 175

　【案例4】上海宝信软件股份有限公司 …………………… 186

　【案例5】山东省计算中心 ……………………………… 190

　【案例6】青岛海尔能源动力有限公司 …………………… 197

　【案例7】朗德华（北京）云能源科技有限公司 ………… 201

　【案例8】北京泰豪智能工程有限公司 …………………… 205

　【案例9】施耐德电气有限公司 ………………………… 208

　【案例10】北京市中清慧能能源技术有限公司 ………… 214

理 论 篇

※ 智慧能源话题的由来

※ 我们已知的能源

※ 节约能源的历史责任

※ 气候变化与节能减排

※ 节能措施综述

※ 终端能源消费和终端能效管理

※ 互联网与节能

※ 智慧能源和智慧能源产业

第一章　智慧能源话题的由来

从智慧地球到智慧城市

为应对全球金融危机，使企业自身的主流业务由硬件制造转向软件设计和咨询服务，美国IBM公司于2008年11月在全球首次提出了"智慧地球"的概念。基于IBM品牌的巨大影响，这一概念一经提出，立即引起世界各国特别是发达国家和许多发展中国家的集中关注。

"智慧城市"是"智慧地球"的核心理念。早于"智慧地球"的概念提出前两个月，即2008年9月，IBM公司就与正在筹备中国2010年上海世博会的上海世博局签署了战略合作协议，成为世博会计算机系统与集成咨询服务高级赞助商。上海世博会的主题是"城市——使生活更美好"，IBM公司恰逢其时地提出并最早让中国人津津乐道地接受了"智慧城市"的新概念。

IBM公司将"智慧城市"定义为城市化进程的高级版，强调的是以大系统整合的，物理空间和网络空间交互的，由公众广泛参与的，使得城市的管理更加精细、城市的环境更加和谐、城市的经济更加高端、城市的生活更加宜居的创新型城市发展模式。

"智慧城市"按照以人为本的理念，更加聚焦民生与服务，更加鼓励创新与发展，更加倡导感知与物联，更加强调公众参与和互动。在随后近两年的时间里，IBM公司整合全球资源，以"智慧城市"为核心理念，与上海世博局及相关客户、合作伙伴一起积极开展工作，很好地支持和配合了上海世博会的建设工作，同时也借助这一举世盛会，向中国其他城市以及世界其他国家大力推销其软硬件技术和咨询服务业务，取得了可观的经济效益和社会效益。

2009 年，中国政府为了应对全球金融危机，提出了 4 万亿投资项目，IBM 公司也抓住机遇，趁热打铁，在中国全国范围内积极推广他们的"智慧地球"和"智慧城市"理念。他们连续在中国各地召开了 22 场以"智慧城市"建设为主题的讨论会，吸引了超过 200 名以上的中国各地方的市长以及近 2000 名城市政府官员参与交流，使"智慧城市"的理念得到了广泛认同。南京、沈阳、成都、昆山等城市先后与 IBM 公司签署了战略合作协议。一时间，建设"智慧城市"成为各地应对经济危机，拓展基础设施建设和拉动内需的关键词之一。

对接受新思维、新概念有着高度敏感和极度偏好的一些国内学者、专家和各级领导者来说，建设"智慧城市"可以成为一个大致的奋斗目标。尤其是近年来，许多地方的领导者把城市定位为可以用来经营的对象。要经营城市首先要建设城市，要建设城市就要建设"智慧城市"。

顺着建设"智慧城市"的思路，就有了智慧机场、智慧银行、智慧铁路、智慧电力、智慧电网等理念，也有人主张"智慧城市"要包括平安城市、电子政务、智慧医疗、智能交通、智慧社区、食品安全、智能水网、智能建筑、智能教育、智能家居等。2012 年 11 月 22 日，住房和城乡建设部以建办科〔2012〕42 号文下发了《住房和城乡建设部办公厅关于开展国家智慧城市试点工作的通知》《国家智慧城市试点暂行管理办法》《国家智慧城市（区、镇）试点指标体系（试行）》，规定了保障体系与基础设施、智慧建设与宜居、智慧管理与服务、智慧产业与经济 4 项一级指标；保障体系、政务服务、基本公共服务等 11 项二级指标；顶层设计、宽带网络、信息安全、城市规划、给排水系统、绿色建筑、地下空间、电子政务、社会服务、智能交通、智慧环保、产业规划和高新技术产业等 57 项三级指标。同时，还对这些指标做了相应的技术说明，明确这些指标体系不但是智慧城市创建工作的重要参考，也为后期城市综合评估体系奠定了重要基础。这显然是个几乎包罗万象的庞大体系，完成这一体系的建设也绝不是一两个政府职能部门所能单独胜任的事情，要想轻而易举地完成"智慧城市"的伟大工程谈何容易？改革开放 30 多年，尽管计划经济的主张早已渐行渐远，但是政府主导资源配置的格局并未打破，这种格局尽管具有集中精力办大事的绝对优势，但也存在一哄而起，大干快上，最终背离科学发展，导致资源浪费和环境破坏的严重后果的现实可能性。所以笔者认为，智慧城市建设从理念到实施不可匆匆上马，而应从易到难，从简入繁，打好基础，搞好局部和个别项目的应用试点，成熟了再总结经验，推而广之。

主张"智慧地球"可以变为现实的人们声称，由于 IT 技术的不断发展，通过普遍连接形成所谓"物联网"，再通过超级计算机和云计算将"物联网"整合起来，使人类能以更加精细和动态的方式管理生产和生活，就会达到全球的"智慧"状态。他们主张"互联网 + 物联网"就等于"智慧的地球"。这当然是个宏伟超前的目标，但也是一个理想化的虚无目标。想到我们居住的地球现在存在的各种矛盾和问题，无论是美国一家独大的称王称霸，欧洲的经济衰退，中东北非的战乱，此起彼伏的极端恐怖行为，日本在美国支持下挑起的东亚紧张局面，还是发展中国家面对的金融和气候变化、劳动就业和改善民生的种种努力，使得我们不得不承认，单纯用"互联网 + 物联网"的方式是解决不了使全球达到"智慧"状态这个问题的，和这些现状对照起来，我们就会发现"智慧地球"也许是个虚无缥缈的目标，至少在最近的将来，我们还看不到"智慧地球"出现的可能性。毋庸质疑的是"智慧地球"的商业概念，就像当年的"信息高速公路"以及现在的"云计算"和

"大数据"概念一样，吹起这股风和最先从"田字草"的微微晃动中看到风起的人有机会占据上风。

　　同"智慧地球"比起来，"智慧城市"的概念较为接近实际。但随着国人的发挥与创造，在"智慧城市"这个大概念之下，迅速衍生出若干个小概念，如智慧国土、智慧机场、智慧交通、智慧铁路、智慧物流、智慧金融、智慧银行、智慧支付、智慧电网、智慧能源、智慧环保、智慧应急、智慧安全、智慧社区、智慧家居等，还有人主张政务服务与基本公共服务的内容也都属于智慧管理与服务的范畴，包括决策支持、信息公开、网上办公、政务服务体系和基本公共教育、劳动就业服务、社会保险、社会服务、医疗卫生、公共文化教育、残疾人服务、基本住房保障等。还有的主张城市基础设施与平安城市、电子政务、食品安全管理等也同属于智慧城市的内容。如此看来，智慧城市就是个万能的筐子，只要把和城市有关的事情都装进去，我们的城市就变得无比聪明富有智慧。先不说这些事情的内在逻辑和相互关系怎样，也不说混乱的逻辑关系是否能够那么智慧，只需要知道哲学上的一个命题就可以解释这样的"智慧城市"是否存在了。这个哲学命题就是共性与个性的关系问题。哲学家告诉我们：共性指的是不同事物的普遍性质；个性指的是一事物区别于他事物的特殊性质。共性是绝对的，但它只能在个性中存在。个性是相对的、有条件的，任何个性不能完全被包括在共性之中。从这个哲学原理出发，我们就会明白，现在要做的"智慧城市"试点，应该着力突出的是个性，这些个性会因时因地有所不同，绝不是千城一面或者千城一律，如果在现有城市的所有功能定位上都加上个"智慧"前缀的话就等于没加。试想，除试点以外的大量的非试点城市是不是也存在同样的功能呢？如果是，也在这些功能前面加上"智慧"的前缀，试点城市岂不是被轻而易举地淹没在没有试点的"智慧城市"

群中，进而失去了试点的意义吗？

从智慧城市到智慧能源

　　笔者在思考这个问题的时候，案头正摆着一本名为《中国智慧城市标准体系研究》的书。书中以仁者见仁、智者见智的方式盘点了不同行业、不同机构、不同专家对智慧城市分别给出的定义，其中有的认为智慧城市的本质是通过综合运用现代科学技术、综合信息资源、统筹业务应用系统、加强城市规划建设和管理的新模式，是一种新型的城市管理与发展的生态系统；有的认为智慧城市是当今世界城市发展的新理念和新模式，是城市可持续发展需求与新一代信息技术应用相结合的产物；也有的认为智慧城市就是数字城市的智能化，是数字城市功能的延伸、拓展和升华，是通过物联网把数字城市与物理城市无缝连接起来，利用云计算技术对实时感知数据进行处理并提供智能化服务等。

　　从上述观点可以看出，无论是参与对智慧城市研究的机构还是个人，都是站在不同的行业或专业角度试图对智慧城市的概念给出诠释，因此，目前很难形成统一公认的权威定义。我们只能从这些诠释和给出的定义框架中寻找其带有共性的元素加以分析。这些元素不外有以下几种：（1）全面感知；（2）互联互通；（3）信息共享；（4）数据优化；（5）整体创新。笔者认为，很显然将上述这些元素都叠加在城市这个千差万别甚至杂乱无章的庞大载体上，不但是一个浩繁的工程，也是一种长期的奋斗，更不用说在中国的城市化改革进程中还有着体制机制上的种种复杂因素难以把握，人们有可能做到的也许只能是就这些设想描述出一个大致的方向，然后再根据各个行业、各个地区的具体情况因时因地而行罢了。结论是，智慧城市的概念好是好，建成知多少？实践知多少？

　　人们知道，一切概念的产生都应该来源于实践。人类在认识事物的过程中，把所感觉到的事物的共同特点，从感性认识上升到理性认识，抽出本质属性加以概括就成为概念。毛泽东在《实践论》中曾经说过："社会实践的继续，使人们在实践中引起感觉和印象的东西反复了多次，于是在人们的脑子里生起了一个认识过程中的突变（即飞跃），产生了概念。"按照人的认识规律，把自从IBM公司提出"智慧地球""智慧城市"的概念，以及由此而引发的其他各种智慧领域或范围的概念加以比较，笔者认为"智慧能源"的概念可以说是更加成熟、更加确定、更加具有个性化特点和更加易于实际操作，因而更加具备可行性的创新性概念。

国内智慧能源的论著

　　自从IBM公司提出的"智慧地球"和"智慧城市"的概念传到中国以后，国内学界和相关领域的研究人员陆续给与关注，随着研讨会、推介会、论坛、培训班的展开，相关的文章、言论和论著也如雨后春笋般不断涌现。这些文章、言论和论著有的是宣传推介新的理念、概念和思想，有的是普及知识、研究对策、展望未来，还有的是重点讨论和介绍某种技术、宣传应用成果。在知识爆炸的时代，IBM公司的主张如果不是引爆了一颗核弹，至少也是引爆了一颗连环作响的子母弹。

　　迄今为止，尽管人们对"智慧地球"和"智慧城市"已经多有讨论，可是从研究角度，对"智慧能源"这个题目的专门论述还不够多，尤其是从应用的角度就更为鲜见。国内的学者和有关研究人员关于"智慧能源"的专著见诸于世的只有两部。按照出版的时间顺序，第一部是清华大学出版社出版的由王毅、张标标、赵甜、宓林、张菊芳编著的《智慧能源》，出版时间为 2012 年 1 月。第二部是中国电力出版社和科学技术文献出版社联合出版的由刘建平、陈少强和刘涛合著的《智慧能源——我们这一万年》，出版时间为 2013 年 6 月。从这两部著作的出版时间看还是非常新的，对"智慧能源"理念的传播和推广肯定会发挥越来越多的启蒙和推动作用。

王毅等人编著的《智慧能源》一书，共 4 篇 11 章，第一篇介绍发展智慧能源的背景、智能电网的发展状况，重点阐述智慧能源的理念以及智慧能源的构成。第二篇介绍了构建智慧能源体系的关键技术，主要包括分布式能源技术和物联网技术。第三篇从智慧的电力、智慧的水资源、智慧的燃气三个方面分别介绍智慧能源的解决方案，阐述了如何赋予能源以"智慧"。第四篇介绍了三个智慧能源典型案例。此外，本书还简单介绍了上海、广州、杭州等城市智慧能源建设的现状。总的来看，这本书主要致力于从技术层面上回答如何解决我国所面临的日益严峻的能源问题，通过推介相关的创新技术，推动中国智慧能源事业的发展。这本称之为《智慧能源》的书之所以侧重从技术上入手讨论问题，编著者在开宗明义的前言中有这样一段话说得明白："本书试图回答'如何解决能源问题'。基于银江股份智慧城市与智慧能源建设的实践经验，我们认为建立智慧能源、使'能源智慧化'是当今解决能源问题的可行途径之一。智慧能源是现代能源发展的必然选择，是经济可持续发展的根本之路。"我们从可以查找到的银江股份的公开信息中了解到，作为信息技术服务业的一家上市公司，银江股份的主营业务就在于专注为城市交通、数字医疗、智能建筑行业用户提供智能化技术、产品和应用服务，在长期的经营服务中，这家公司不但注重实践经验的积累，还注重"智慧城市"概念的发展和"智慧能源"的理论研究，这样的做法对于一家企业来说是难能可贵的，折射出中国企业在市场化建设和可持续发展的进程中，已经越来越走向成熟。

刘建平等人所著的《智慧能源——我们这一万年》一书，则是从另一个视角对"智慧能源"这个命题做了详尽透彻的分析。正如全国人大常委会原副委员长成思危先生在为本书所写的序言中说的那样："作者们从大历史观出发探讨了能源与文明这一人类共同关注的话题，对智慧能源与人类发展进行了思考和探索。"《智慧能源——我们这一万年》一书，共有六篇。该书的"内容提要"这样写到："本书用第一人称'我们'作为历史的人类、现实的人类和未来的人类的总代表，以能源形式的改进和更替为基本主线，从大历史、跨学科的宽广视角，在对能源、科技、环境，以及人类文明发展进程进行立体观察，揭示能源更替与文明演进客观规律基础上，认真思考我们何以陷入又将何以走出现实困局，大胆畅想未来的能源形式与文明形态的辉煌图景"。

书中的作者简介告诉我们，这本书是由分别出生于 20 世纪 60 年代、70 年代和 80 年代的三位中青年作者完成的，他们都具有博士学历，有的就职于国家能源主管机构，有的就职于国家研究机构。由于视角不同，与王毅等人所著的《智慧能源》一书相比，《智慧能源——我们这一万年》一书更注重从宏观的角度讨论问题。从写作风格上也采取了由浅入深、图文并茂的形式，讲起来更像一本现代版的科普读物。但是作者在娓娓道来的叙述中并没有忽略主题，他们甚至直接给出了智慧能源的定义。智慧能源就是在于开发人类的智力与能力，通过不断技术创新和制度变革，在能源开发利用、生产消费的全过程和各环节融汇人类独有的智慧，建立和完善符合生态文明和可持续发展要求的能源技术和能源制度体系，从而呈现出的一种全新能源形式。简而言之，智慧能源就是拥有自组织、自检查、自平衡、自优化等人类大脑功能，满足系统、安全、清洁和经济要求的能源形式。在我们看来，无论这个定义准确与否，是不是还存在争论或者随着时间的推移还会不断地调整、修正，但它总算可以使人们的目光和思维更加聚集，不仅会引发头脑风暴，也会在碰撞中引发思想的火花，这本书很值得一读。

从概念到实践

随着世界经济转型和互联网事业的发展，智慧能源作为一种概念已经开始被越来越多的人所接受。可是概念毕竟只是概念，从概念到实践，中间还有很长的路。按照中国国家标准的定义，"概念"是对特征的独特组合而形成的知识单元（GB/T 15237.1—2000）。德国工业标准2342将"概念"定义为"一个通过使用抽象化的方式从一群事物中提取出来的反应其共同特性的思维单位"。从这个意义上说，"概念"（Idea；Notion；Concept）只是反映对象的本质属性的思维形式。从其涵义和适用范围来说，这种思维形式不仅具有相当的内涵，也会具有丰富的外延。随着社会历史和人类认识的发展，概念也会发生变化和不断发展。概念固然重要，但是表达概念的语言形式毕竟只是词或词组，只是知识层面上的东西，不是技术更不是产业层面上的东西。

从另一方面说，"概念"一般都具有前卫性、新颖性、潮流性和模糊性。虽然概念也会对有未来的趋势加以概括和憧憬，人们可以用概念来导引想象、拓展思路、描绘未来，可是概念并不等于现实的存在。概念属于意识的范畴，而意识的式样是丰富多彩甚至是无穷无尽的。只有把想象的图像清晰化，进入较为精细或者更加精细的领域，概念的认知才会被不断加深，否则就总是会把一个事物归结为另一个事物，得不到要领。例如，"智慧城市"是一个概念，"智慧能源"是另一个概念，我们可以把"智慧能源"笼统地说成是"智慧城市"的组成部分，把"智慧城市"所具有的特质全部照搬到能源上，但是这样简单的做法能不能说明问题？更重要的是能不能使能源真正智慧化呢？显然不能这样简单操作。事实上"智慧能源"可以是"智慧城市"的有机组成部分，也可以不是它的组成部分，道理很简单，对于能源来说，无论是繁华的城市还是边远的乡村都是离不开的生产资料和生活必需品，只不过城市的用量相对多一些，使用的人群相对集中一些，而城市以外的地方相对分散且用量较少而已。如果能够用"智慧"来管控能源，城市与乡村是没有差别的。由此可知不能简单地把"智慧能源"归属于"智慧城市"，也不能把所谓"智慧城市"的体系和指标硬套在"智慧能源"上。在"智慧能源"这个概念中，"能源"只是"智慧"的载体，"智慧"是对"能源"的管控形式。"智慧能源"理论与实践中突现的个性与其他载体中突现的个性有机地综合在一起，才构成"智慧城市"突现的共性。

智慧能源产业

"智慧能源产业"是一个全新的概念，此概念于 2013 年 11 月 14 日，由全国节能减排标准化技术联盟和中关村下一代互联网产业创新战略联盟，在他们共同发起的智慧能源产业创新战略联盟的成立大会上，正式提出并对外发布。参与联盟的 34 家企业和单位经过认真讨论，共同确认智慧能源产业这个概念不仅应该建立，而且已经具有相当的实践基础，可以落地，十分现实，且在实践中具有现实性和紧迫性。

自智慧能源产业创新战略联盟成立后，受到了社会各方面的广泛关注，许多研究机构、社会组织、政府主管部门尤其是与节能减排、应对气候变化相关的企业，纷纷开始探索研究有关智慧能源及其产业实现形式和技术创新模式的问题，主动申请加盟者越来越多。国家发展和改革委员会、国家标准化管理委员会、财政部清洁发展机制基金管理中心、国家应对气候变化战略研究中心和国际合作中心、中国光华科技基金会、美国能源基金会、世界资源研究所、中国标准化研究院、全国节能减排标准化技术联盟、清华大学、浙江大学、山东大学、日本东京大学、华能碳资产经营有限公司、中国计量科学研究院、中国特种设备检测研究院、中国质检出版社（中国标准出版社）、中国节能协会节能服务产业委员会、下一代互联网产业创新联盟、中关村标准创新中心、中关村国标节能低碳技术研究院、广东省标准化研究院、广东省半导体照明产业联合创新中心、中国节能企业联合会以及一大批相关企业，纷纷表示关注、关心，有的给与积极指导、有的直接参与研究。在这些单位的热情支持下，2014 年 4 月河北大学成立了旨在专门研究和支撑智慧能源产业创新发展和培养相关人才的低碳研究院。智慧能源产业创新战略联盟和河北大学低碳研究院的成立，无疑是智慧能源产业创新发展从理论与实践的结合上迈出的有历史意义的坚实一步。

综合以上情况，我们可以发现，迄今为止，在对智慧能源的研究中，有在企业实践经验的基础上，对技术应用层面上的深入分析；有在历史发展的视角上，对宏观管理和决策导向层面上的全面研究。那么，在产业化的层面上，即中观经济的范畴里有没有智慧能源的用武之地呢？这显然是一个既实际又新鲜的重要问题。

无论是来自微观的实践经验，还是来自宏观的管理研究，主张智慧能源就是要"使能源智慧化"，从而形成"一种特定意义上的新能源"（《智慧能源》第 70 页），或者"一种全新的能源形式"（《智慧能源——我们这一万年》第 150 页），在这点上两方面的研究是一致的。

　　然而，另一个层面上的需求也是显而易见的：无论是企业层面，还是从宏观决策层面，两个方向共同推进的结果必然要集中到产业层面，从而引起产业层面的连锁反映。否则即使一两个企业做得再好，独木也难成为森林。宏观层面上的思路再清晰，制度上的设计再合理，也需要有具体的、可操作的且成群体优势的整体推进，才能使理论变成现实，使个别企业的个别经验推而广之，并且在推广中不断推陈出新，形成群体优势和产业优势。这个群体不是别人，就是"智慧能源产业"群体。

　　智慧能源产业不同于其他的传统产业，也不同于任何新兴的专业行业。这是因为要使能源智慧化或者赋能源以智慧，就必须同时研究两个主导领域——能源领域和智慧领域。而且不仅要研究，还要找准和抓住两者的契合部位与结合点，使其相互复合、相互融合，成为紧密结合的全新整体，这个过程实质上就是产业创新。近年来，人们经过许多实践和探索，已经分别在能源领域和智能领域的结合上下了不少工夫，也取得了很多可观成果。可是这些成果和实践是否就是人们所期待的智慧能源呢？从能源领域的角度看，智慧能源是否就是新能源或清洁能源？是否就是智能化的能源管理？是否就是智能电网？是否就是分布式能源的综合管理系统？是否就是为满足各级政府对能源管控监督需求所建成的各类数据库？再引深一步，智慧能源是否可以把智慧城市中其他智能化领域如智慧交通，智慧建筑，智慧医疗，智慧社区中的水网、能源网、交通网或环保工程等与之混为一谈？如果细心观察，无论是在有关智慧能源的研究讨论当中，还是在专家学者的文章言论之中，或者是在论坛峰会的演讲报告之中，许多人将这些概念混为一谈的现象并不鲜见。另外，从智慧领域的角度看，自动化控制或智能终端是否就是智慧能源的最终体现？互联网、物联网和智慧能源之间是什么关系？建立了相关的网站、数据库或能源管理平台是否就算是使能源实现了智慧化？具备什么条件才算具备了智慧能源的网络系统？诸如此类的问题也远远未能达成清晰一致的共识。因此，从某种程度上说，智慧能源的新格局目前远远未见真实出现。在现有的学术报告和相关著作中，尤其是在介绍国外一些"智慧能源"的实施案例或实践经验中，也常常见到把"智慧城市"的一些做法或者对能源实现智能管控的一些做法称之为"智慧能源"。由于没有清晰透彻的理论指导，尤其是缺失相关产业的强大支持，智慧能源很可能成为无源之水、无本之木，即使暂时罩上了智慧能源的华丽外衣，也可能会很快凋谢枯萎。

综合以上分析，可以认为，尽快理清思路、搞好相互协调、整合社会各界特别是与能源相关的产业和与智慧化相关的产业优势，共同建立以智慧能源为特征的复合型产业群体，从而形成新的产业链和规模效应，才能为智慧能源的最终实现奠定客观的物质基础。只有这个基础建立起来，才有可能使国家对智慧能源的宏观规划和第三次工业革命的蓝图坚实落地，也才能使人们经过大量探索和实践形成的各种行之有效的智慧能源技术解决方案找到合理的归宿。

与从微观角度出发的《智慧能源》和从宏观角度出版的《智慧能源——我们这一万年》相比，本书将从产业的角度思考问题，重点分析智慧能源产业的形态、发展和未来，其范畴可以归纳于中观。相信有了大家从不同角度和不同方向对智慧能源开展的理论研究和实践推进，智慧能源将有效、尽快地成为我们生活中的现实。

像"我是谁？""我从哪里来？""又要到哪里去？"这样既古老又新鲜，既普通又深奥，既富有传统味道又饱含创新思想的这一永恒的哲学命题一样，"智慧能源是谁？""智慧能源从哪里来？""智慧能源又要到哪里去？"这样的新问题十分有趣地摆到了我们面前，又一次期待我们做出满意的回答。

第二章　我们已知的能源

能源和载能体

一部人类文明的发展史就是人类开发和利用能源的历史。刘建平等在《智慧能源——我们这一万年》一书中，以通俗易懂的方式，图文并茂、夹叙夹议地向人们介绍了人类从人工取火开始，到进入智慧能源时代所经历的开发和利用能源的历史，向人们展示了人类文明发展史中以火为主线的恢宏画卷。

从人类认识论发展进步的角度来看，火是人类最先发现和使用的能源。那么，究竟何谓能源？简单的理解，能源就是能的来源。"能"字对于说汉语的中国人来说有着多种含意。譬如，可以用来表达本事和才干；可以用来表示可能与不可能；可以用来表示应该与不应该；还可以用来表示能力的大与小……等。但是我们这里说到的能却只同物理学方面的定义有关，即做功的本领［energy］和强度［power］。

物理学意义上的做功被称为能，做功的强度被称为能量。为了理解上的方便，人们也常常把能和能量放在一起使用。因此，能源亦可以理解为能量的来源。

在《能源百科全书》中对能源一词是这样定义的：能源是可以直接或经转换提供人类所需的光、热、动力等任一形式的载能体资源。

那么，什么是载能体？中国工程院院士陆忠武教授认为世界上的一切物质都是载能体。按照这个理论，能是一个动态的概念，物质的不同运动形式决定了不同形式的能，不同形式的能可以互相转化。从这个意义上说，在我们身边的能是无时不在，无处不在的东西，就连我们人类的身体自身也包含其中。科学研究结论表明人类现在面对的能有三种来源：一是来自地球天体外部的能量，主要是太阳能；二是来自地球本身蕴藏的能量，如地热、原子能；三是来自地球和其他天体相互作用而产生的能量，如潮汐能。事实上，早在人类的祖先出现之前，地球就已经孕育了足够的载能体资源，如森林、植被、水源、煤炭、石油、沼气、天然气、页岩气等。这些能源来自何处？问题十分深奥，涉及地球、太阳系和宇宙的起源。从目前人类已经掌握的知识来看还难以全面透彻地回答这个问题。尽管如此，人们还总是试图给出回答。迄今为止，人们公认的科学结论是，所有为人类发现和开发利用的能源都来自于太阳。

研究表明，煤炭、石油和天然气的能量，是来源于有机物直接或者间接地通过光合作用吸收和聚集的太阳能，又经过漫长的历史变迁和复杂的物理、化学变化过程才形成我们现在所知所用的样子。这些作为载能体的有机物，在吸收和聚集太阳能量的时候，人类还没有出现，如今我们所见到的煤炭、石油和天然气等不过是大自然留下的最终产物。换句话说，我们日常见到和使用的煤炭、石油和天然气，是在人类出现之前就早已存在了的，已经储存了大量太阳能的特殊载能体。

同样，人们日常生活中必需的粮食、蔬菜、水果也是载能体。它们在生长过程中，通过光合作用吸收太阳的能量并将这些能量储存在根、茎、叶和果实之中，供人类享用，补充人体发育和成长所需的能量，这样它们就成了某种形式的载能体。所不同的是，煤炭、石油和天然气由于形成的年代久远，成因复杂，所以它们被称为化石能源。粮食、蔬菜、水果吸收和转化太阳能的过程是现在进行时，是人类自身生长和生命延续随时都要利用的"能量"来源。植物也如此，有些成为供人类直接使用的薪炭和材料，有些则成了动物的食物或饲料。而某些动物又转而成为人类的肉食，如猪、牛、羊等；某些动物用来哺乳后代的乳汁

17

或某些禽类繁衍后代的蛋，如牛、羊、马和骆驼等的乳汁以及鸡、鸭、鹅、鹌鹑等禽类的蛋，也成了人类享用的不可缺少的蛋白质来源。这些根、茎、叶、果实、肉类、乳品和蛋都是特定意义上的载能体。人类在享用粮食、蔬菜、水果、肉类、乳品和蛋品的时候，实际上都是在吸收这些载能体中蕴藏着的能量。正是这些能量被人体吸收之后转化为热量，才支持和供养着人体自身的生命运动。这样，人也成了另一种特殊形态的载能体。

在现实世界中，人周身都循环着输送氧和热量的血液，都具有几乎完全相同的体温，人的身体每时每刻都在消耗着热量，人也必须每天每日以吃饭、饮水和运动（这里所说的运动不只是锻炼）的方式吸收和消耗着能量，用以维持恒定的体温，保障生命的存在。这一切都可以有力地证明，即使是人体自身，也是一种特殊形态的载能体。

能的不同形式

载能体本身蕴含着能量，在相对静止的情况下这些能量保持不变，只有通过某种方式的运动才能被释放出来。不同运动形式决定了能的不同表现形式。

科学研究表明，人类现在已经发现的能的存在形式可分为六种，即辐射能、机械能、化学能、分子能、电磁能和原子能。

辐射能是以辐射形式发射、转移或接收的能量。人们常说的太阳辐射，一般是指在一个表面上入射的辐射通量密度。对于这种辐射通量密度的测量和掌握，主要可应用于炉膛火焰图像处理、纺织染整工业、粒子加速器、热处理生产、辐射探测等生产活动中。太阳辐射以光速（$c = 3 \times 10^8 \, \text{m/s}$）射向地球，同时它具有微粒和波动这两者的特性。在自然地理系统中，对于辐射能的接受和贮存，都离不开这些特性。如绿色植物进行光合作用，所吸收的能量就是以光量子的形式进行的。正是由于辐射能的这种量子特性，决定了光量子的波长和频率，进而决定了光量子能量的大小。太阳辐射能有以下要点：（1）吸收率：被物体所吸收的入射辐射比率；（2）发射率：被物体所发射的相应波长的辐射比率；（3）反射率：被表面反射的入射辐射比率；（4）透射率：被物体所透过的入射辐射比率；（5）辐射通量：单位时间所发射的、透射的或吸收的辐射数量；（6）辐射通量密度：单位面积上的辐射通量。以上几个专业要点比较复杂，除了研究光物理学的专门需要之外，我们一般只要了解通常所说的太阳辐射就可以了。

机械能是表示物体运动状态与高度的物理量，是动能与部分势能的总和。这里说的势能又可分为重力势能和弹性势能。物体的质量与速度决定动能；高度和质量决定重力势能；弹性系数与形变量决定弹性势能。机械能是动能与势能的和，动能与势能可以相互转化。在不计摩擦和介子助力的情况下，物体只发生动能和势能的相互转化且机械能的总量保持不变，也就是动能的增加或减少等于势能的减少或增加，这就是机械能的守恒。

机械能与整个物体的机械运动情况有关。当有摩擦时，一部分的机械能转化为热能，在空气中散失，另一部分转化为动能或势能。所以在自然界中没有机械能可以真正做到守恒，也就是说人类不可能造出真正的永动机，尽管人类对永动机出现的追求一直没有停止，可是真正不肯停歇的永动机却一直没能出现。

化学能是物体经由化学反应所释放的能，它不能直接用来做功，只能转化为其他形式来使用。物质燃烧、炸药爆炸、生物呼吸、光合作用、食物消化等都涉及化学能的释放。

分子能指物体内部所有的分子做无规则运动（热运动）的动能和分子间相互作用的势能之和。分子是组成物质的微小单元，它是能够独立存在并保持物质原有的一切化学性质的最小微粒，因此分子能也称为内能。

热能是内能的一种，物体温度越高，内部分子做运动的速度就越快，其热能就越大。说到热能，有一个很有趣的故事。"热"是什么？这是自古以来人们就在思考的问题。当篝火烧热了石头，人们把水淋上去的时候就会有汽体产生。当人们打造铁制的工具或兵器时，人们也知道，将烧红的铁器丢入冷水中，不但铁器会迅速冷却，工具或兵器也会变得坚硬和锋利无比，同时原来的水也会变热。为什么热石头或铁器上的热会传到水中呢？这在很长的时间内都是一道费解的难题。人们最初的猜测是有一种叫"热素"的物质，它与做功毫无关系。但是长期以来，人们并没有发现热素是如何存在的。从18世纪开始，欧洲的科学家们开始了对"热"的探索。最先是荷兰物理学家丹尼尔·伯努利提出热是一种流体，无色、无味、无质量，而且能由一个物质移动到另一个物质。伯努利给"热"起了个传承至今的响亮名字叫作"卡路里"。

1840年2月，德国医生迈尔作为随船医生访问印度，航海途中他给病人治病的过程中发现，人的血液中含氧，正是这种氧在人体内的燃烧才产生热量，维持人的体温。但基础的体温从何而来？他认为是靠人吃的食物而来。食物又来源于植物，植物靠太阳的光热而生长。由此他大胆地推断出能量的来源就是太阳。他在演讲中说："你们看，太阳挥洒着光与热，地球上的植物吸收了它们，并生出化学物质……"根据这个信念，他还大胆地推算出太阳中心的温度，并用自己的方法测得热功当量的数值。可是当时几乎所有的人包括物理学家在内并不相信他，甚至认为他是个"疯子"。他不但被逼得跳楼摔残了双腿，还被送进精神病院，遭受了八年的非人折磨。直到迈尔晚年，人们才惊讶地发现他是对的。后来他被瑞士巴塞尔自然科学院授予荣誉博士，蒂宾根大学授予荣誉哲学博士，巴伐利亚和意大利都灵科学院授予院士，并获得了英国皇家学会的科普利奖章。

与迈尔差不多同期进行"热"研究的是英国著名物理学家詹姆斯·普雷斯科特·焦耳（James Prescott Joule）。最初在进行这项研究的时候，焦耳并不那么有名，他不过是个名不见经传的啤酒厂小老板。从1840年开始，焦耳在老师道尔顿的指导下，一边学习化学、数学和物理，一边经营父亲留下的啤酒厂，同时挤出时间在他的实验室里搞科学试验。他的研究和实验对象就是"热"这个难以捕捉的物质，他要证明它的存在，并且要实际计算出它存在的量。电流能够产生热，这是焦耳的第一个发现。焦耳把环形线圈放入装水的试管内，测量不同电流强度和电阻时的水温。他发现：导体在一定时间内放出的热量与导体的电阻和电流强度的平方之积成正比。之后，焦耳又通过几十种不同的实验，证明了化学与热量间的转换和量的计算。在所有的研究中，他特别关注热能与机械做功间的转换，并且实际测出了热功当量值。但是在那个保守势力远大于科学发现的时代，他的这些研究也并没有得到科学界的重视和承认。可是焦耳依然坚守自己的研究方向，并发表言论称"任何的机械能量释出，最后都将转换为热量，能量不灭的法则有上帝的许可证，这是大自然最重要的法则之一。"实际上焦耳的这段话就是科学史上著名的"能量守恒定律"的基础。后来，焦耳又经过自己的不断实验，发现了单位机械做功所产生的热量是一个定值，并将其称之为热功当量（J）。自此，"热"由传统的"卡路里"变为"能量"，成为近代科学史上的一个里程碑。1889年10月11日，焦耳走完了他的人生之路。后人为了纪念他的突出贡献，把功和能的单位定为焦耳（J）。

电磁能和原子能是能的另外两种形式，电磁能是指电磁场所具有的能，包括电场能与磁场能。现代人生产生活须臾不可离开的电能就是电磁能的主要形式。原子能则是指原子核中的中子或质子重新分配时释放出来的能。原子能最初的发现和为人类所使用是用在武器上，原子弹在第二次世界大战中为尽快结束罪恶的战争做出过贡献，同时也对无辜的民众造成了罪恶的伤害。自那以后尽管这种武器还在发展，却再也没有被使用过。和平利用原子能的任务主要是用来代替化石燃料发电，尽管现在存在许多争议，也出现过前苏联切尔诺贝利和日本福岛核电站这样的大灾难，但是人们还是相信用来和平利用的核能是有前途的，核危害是可以避免的，原子能造福人类社会也会做得越来越多，越来越好，越来越普遍。

在不断进步的生产生活等社会实践中，人类逐渐产生了对这些需要相互转换的能量的大小或多少进行定义、测定和计算的需要，随着知识的积累和科学技术的进步，才逐渐产生和总结归纳出了能量的概念。

能量的释放

在自然界中，能量是以一定的形式存在于载能体中的。能量的释放必须转换为另外一种或多种形式才能为我们所利用。当我们的祖先发现煤炭的时候，最初可能只认为是一块黑颜色的石头，不知道那块石头有什么用。也许是在用木柴或干树枝点火燃烧的时候无意中把黑石头夹带其中，也许是用这块黑石头在燃烧的篝火中做烤肉的支架，结果无意中发现这块黑色的石头竟然也会燃烧，不但可以燃烧，而且能够迸发出更加强烈和持久的火焰，于是我们的祖先就认识了煤。同木柴和干树枝一样，煤炭只有在自身燃烧的时候才能将其蕴藏在身体内部的能量以热能的形式释放出来。随着人类认识自然和利用自然的科学技术手段的不断进步，人们又认识和开发了石油、天然气等不可再生的化石能源，也进一步认识和开发了水能、风能、沼气、太阳能、核能、氢能、可燃冰、煤层气、页岩气等。所有这些能源，毫无例外都是只有在一定形式的运动过程中，才能把蕴含在其内部的能量逐步或一次性释放出来。

　　能源的概念只能告诉我们能是什么和能是从哪里来的。能又要到哪里去呢？事实上，载能体只是能的居所，在条件不变的情况下，能就驻扎在那里。可是，能是个动态的概念，它必须运动起来，才能证明它的存在，也只有运动起来，才可以知道它的大小和多少。任何一种载能体不具备一定条件就不做运动，不运动就不能做功，不做功就不能确切地知道能的大小或多少。譬如一颗薪炭或者一块煤，其中的含碳量决定了其自身的品质。可是如果这颗薪炭或者煤块放在冰冷的角落里，不被点燃，那么哪怕它的品质再高，它也只能是一块冰冷的物体，绝不能发出光和热。当薪炭或煤块具备了燃烧条件又被点燃以后，它才会也必然会发出应有的光和热。作为载能体，薪炭或煤块发光和发热的过程，就是它所具备的能量的释放过程，是能的做功过程，也就是载能体自身能量的运动过程。载能体只有完成了自身的能量运动过程才完成了自己存在的历史使命。

能源转换和能源分类

　　《大英百科全书》将能源定义为"一个包括着所有燃料、流水、阳光和风的术语，人类用适当的转换手段便可让它为自己提供所需的能量"。这里提到了适当的转换手段，并说明通过使用适当的手段进行转换便可以让能源为人类提供所需要的能量。

事实上，包括人体自身在内，所有的载能体中蕴藏的能量，都是在转换的过程中才能被人利用，为人类服务的。载能体中蕴藏的能量如果不被转换就只能是以其原有的形式存在着，譬如冰冷的薪炭或煤块。能源的转换过程就是载能体在运动中释放能量的过程。

能源按照被转换的方式可分为一次能源和二次能源。凡是在自然界中以现成的形态存在的，在不改变其基本形态的情况下直接被人们所使用的能源称之为一次能源。煤炭、石油、天然气、水能、生物质能、地热能、风能、太阳能等都是一次能源。煤炭可以直接被用于生火；石油最初也只是被用来点灯；水能和风能是被人类应用最早的一次能源，人们用水车车水，用风车带动石碾或磨盘；地热中产生的温泉可以被直接用于洗澡、祛病，也可以被用于煮蛋补充营养；太阳的能量更加伟大，它不但可以驱散黑暗和严寒，带来光明和温暖，还可以支持人类育种和种植，使大自然更好地为人类服务。当然，到了现代，太阳能被人们利用许多新技术进行采集，用于加热冷水取暖、洗浴或者用于发电。尤其在人类制造的各类航天器上，太阳能帆板成为获取航天器飞行和航天仪器工作之动力的必不可少的重要手段。这里涉及的太阳能已经远远不再属于是一次能源的范畴，而是属于二次能源的清洁能源和可再生能源了。

由一次能源经加工而转换成的另一种形式的能源产品，称为二次能源，如电力、蒸汽、焦炭、煤气以及各种各样的石油制品等。

通常，一次能源转换成二次能源要通过某种工业生产过程，比如在锅炉中燃烧煤炭使锅筒中的水先被加热再被汽化，而后再由高压汽体推动汽轮机叶片高速旋转，再由以高速旋转做功的汽轮机带动发电机切割磁力线发出电能来，这种电能就是由煤炭这种一次能源转换而生成的新的二次能源。

人们逐渐注意到,在锅炉燃煤使水成为蒸汽,再由蒸汽推动汽轮机组,再由汽轮机带动发电机的全过程中,不可避免地要有余热和余能排放或泄漏出来。其实这些余热和余能都是自煤炭燃烧而来,它们也理所当然地属于一次能源转换中形成的二次能源。同样的,在其他工业过程中,如炼铁中产生的高炉烟气、石油加工中产生的可燃废气、化工生产过程中产生的废蒸汽,还有许多工业生产过程中产生的带有压力和温度的流体等,都是直接或间接地由一次能源的消耗而来。这些余热、余能、余压、尾气、废气和有压流体等也都属于二次能源。

有时候,为了达到工业生产过程中的工艺性需要,一次能源可能要经过几次转换而成为另一种能源,譬如燃烧煤炭把水加热成水蒸汽,作为一次能源的煤炭转换成了热能;再由水蒸汽推动汽轮机,热能转换成机械能;由汽轮机带动发电机,机械能转换成电能;再用电能加热成型某一工件,电能又转换成热能。在这一系列过程中,只有燃烧煤炭是在消耗一次能源,其余都是在使用二次能源。一般地说,在使用一次能源之后产生的所有的新得到的能源连同在这个过程中泄漏、遗失、放散的能量都可称之为二次能源。可见二次能源的应用范围更广,转换更频繁,转换过程中的各种泄漏、遗失、放散的可能性更多。因此,提高二次能源的利用效率的潜力和意义也就更为重大,对二次能源的一点点节约就相当于对一次能源的许多节约,这是不言而喻的。了解了这些知识,我们在研究和探索节能新技术、新方法或者采取各种相应的措施解决能源使用的减量化时,更多地关注二次能源的节约或者是二次能源使用效率的提高更有重要地现实意义和可操作性。

将一次能源转换成二次能源是人类的主观行为,产生这种主观行为的背后,无一不包含着人类千百年来艰难曲折的科学探索和无数次伟大的发明、发现和创造,这一过程的每一步也无一不在印证着为后人敬仰的人类文明进步的坚实足迹。可以想见，如何在一次能源转换为二次能源的过程中尽可能节省前者，尽可能地堵塞漏洞和提高效率，也一定是人类探索文明进步坚实足迹的重要组成部分，因此说人类探索能源转换和最终使用效率提高的研究不但从始至终，也必将贯穿始终。我们现在所研究的智慧能源产业创新问题，实质上其重中之重就在于着力探索如何提高能源转换的效率，而互联网技术一定会在这方面大有作为。

需要说明的是，关于能源分类还有多种划分方式和方法。王毅等在《智慧能源》一书中提出了五种划分方法，即按照能源的生成方式或成因分类，可划分为天然能源和人工能源；按照能源的技术开发程度，可划分为常规能源和新能源；按照能源的形成和再生性，可分为可再生和不可再生能源；按照能源对环境的污染程度，可划分为清洁能源和非清洁能源；按照能源的使用性质，可划分为燃料性能源和非燃料性能源等。刘建平等在《智慧能源——我们这一万年》一书中也做了类似的划分，不过比前者多了两类，即按照是否是来自自然界的化石，可划分为化石能源和非化石能源；按照是否可作为商品出售，可划分为商品能源和非商品能源。还可按照能源的实物形态划分，分为固体能源、液体能源和气体能源等。本书因阐述问题的需要，除了对一次能源和二次能源的划分加以分析外，对其他分类亦不再做过多的探讨。

能量守恒与能源节约

在人类伟大的社会实践和科学探索中，对能源和能量的研究和探索一直占据重要地位。这是因为能源问题既关乎民生也关乎国家；既关乎地区也关乎全球；既关乎资源也关乎环境；既关乎经济也关乎政治，甚至可以说既关乎和谐与稳定也关乎战争与和平。纵观人类的近现代史，有哪一场战争不与全球资源与能源的分配和再分配有关？历次金融危机又有哪一次不与能源有关？到了现代无论是南极的科考、北极的探险、海洋权益的划分、海底资源的探索乃至太空、月球、火星和外太空的开发与研究，又有哪一项不与能源的开发有关？科学家们孜孜以求地研究宇宙的成因，追寻在历史上的某一刻突然发生的大爆炸，也与能源和能量的产生直接有关。只是我们还不知道来自太阳和导致宇宙在大爆炸中形成的初始能量是怎样形成和怎样运动的，这肯定是科学家们前赴后继追寻的目标。山东大学热科学研究中心程林教授正在追随诺奖得主著名物理学家丁肇中教授进行这项研究。他们在国家空间站上设计建造的捕获来自外太空原始物质的装置已经得到许多重大发现。笔者曾多次同程教授交流，关于太空能量转换的换热装置就其原理和技术路线来说，如果应用在现在人们所探索的节能减排技术领域一定会大有作为，或者可以成为智慧能源产业发展中的一朵奇葩。程教授不但赞成此观点，而且正在带领他的团队进行这方面的有益探索，预期不久就会在建材行业生产中有重大突破。

无论是以往的研究还是现实的探索，科学家们早已告诉我们能量不但是相互转换的，而且在转换中是永远守恒的。

1853 年，著名的英国物理学家焦耳发现了能量转换与守恒定律。该定律是自然科学内在统一性的一个伟大证据，为各种能源动力机械的技术进步提供了理论基础，揭示了物质世界不同运动形式的普遍联系、也揭示了自然科学各个分支之间惊人的普遍联系。定律在热学、热力学和电学方面有很大贡献。除了在上述应用领域的研究，焦耳通过对陨石的研究还发现地球上空大气层的厚度，刚好能提供足够的摩擦阻力，这部分摩擦阻力会将从天而降的大部分陨石化成灰烬，从而保护地球上的生命不受侵害。他写道："这个大自然，机械、化学与生物能量在时空上不断地互相影响着，但是宇宙仍然维持着秩序，并且清楚、确实地运转。不管其间有多少能量复杂的变化，宇宙仍是稳定和谐的。"焦耳的这些研究向人们说明：能量在量方面的变化，遵循自然界最普遍、最基本的规律，即能量守恒定律：能量既不会凭空产生，也不会凭空消失，只能从一种形式转化为另一种的形式，或者从一个物体转移到另一个物体。各种能量形式互相转换是有方向和条件限制的，能量互相转换时其总量不变。能量守恒是符合时间平移对称性的，也就是说能量守恒定律的适用是不受时间限制的，它科学地阐明了运动不灭的观点。理论上它可表述为：在孤立系统中，能量从一种形式转换成另一种形式，从一个物体传递到另一个物体，在转换和传递的过程中，各种形式、各个物体的能量的总和保持不变。我们可以把整个自然界看成一个孤立系统，所以能量守恒定律也可以表述为是自然界中能量不断转换和传递，但总量保持不变的定律。20 世纪，根据爱因斯坦的狭义相对论，能量有了新的涵义，高速运动的粒子的能量表达式也和宏观、低速运动的物体的能量表示式有了根本的区别。但是科学实验证明，高速粒子碰撞中所产生的现象也完全符合能量守恒，而且根据这一定律预言在 β 衰变中能够出现的新粒子——中微子，因此能量守恒这条从宏观物理现象总结出来的基本定律，也完全符合微观粒子的运动。这些实验不仅证明了能量守恒与时间平移对称性相关联，也证明了和三个方向上的动量守恒组成了四维空间的守恒关系。

焦耳的伟大之处不仅在于他第一个指出"任何的机械能量释出，最后都将转换为热量。"也不仅在于他说："能量不灭的法则有上帝的许可证，这是大自然最重要的法则之一。"更在于正是他最早提出了世界能源危机的严肃话题。从 1843 年开始，焦耳以蒸汽引擎为研究对象开始关注机械的热效率，他发现蒸汽引擎所产生的热量，换算成做功的机械能量之后，机械能量的利用竟然仅仅是引擎实际做功的十分之一，换句话说，大量燃烧的煤炭使水变成蒸汽之后，用这些蒸汽带动引擎作功时，有 90% 的能量是以热的形式被浪费掉了。这个平时没有人注意的现象，经过焦耳的研究得出这样惊人的结论之后，最先应用蒸汽的工业界并不买账，焦耳的研究报告招致工业界的长期攻击，一直到 1860 年仍然有人批评焦耳，只会用引擎作实验，却无法制造更高效率的引擎。焦耳当时对这一切的攻击都未回应，他注意的是人类更为长远的能源枯竭所带来的危机。他用自己的方法做了认真的计算，如果蒸汽引擎的做功效率只维持十分之一的话，那么根据当时探明的英国煤蕴藏量，到了1965 年，英国就会无煤可用。他当时就建议英国要不断地寻找取得能源的新方式。焦耳的这项研究和他对英国当局提出的建议，实质上是向世人揭示了节约能源、合理利用能源和不断探索、开发新能源的客观必然性。

当前，程林教授的研究成果表明现代大工业生产中的许多能量仍然被白白的浪费。也许生产钢铁、水泥并不需要消耗那么多能源，人们完全可以把生产过程中一次性能源消耗时产生的产品直接用能，和以其他形式转换成另一种或多种形态的二次能源尽最大可能回收回来加以利用，而这其中的技术诀窍就是热平衡。

第三章 节约能源的历史责任

能源的有限性与无限性

对于人类而言，能源既是有限的，也是无限的。目前所有为人类发现和开发利用的能源均来自于太阳。科学研究表明，太阳系将经历出生、成长、衰落乃至死亡。这意味着目前被人类开发和利用的能源取决于太阳的生命周期，因此它是有限的。如果真的到了那一天，太阳这个核心没了，来自太阳的能量来源当然也就枯竭了。但这显然是个不可测的漫长过程，在可以预见的未来，人类完全不必为此杞人忧天。换言之，对于目前的人类来说，能源的有限性可以预测和遐想，无需预知和预防。

相对于前者，另一种有限性却完全不同，即地球上已有的能源资源的储藏量。现在人们把太阳能、风能、水能甚至核能等称为可再生能源。相对于这一类能源而言，对于人类早就熟知、早已开发并广泛利用的煤炭、石油和天然气等化石能源来说，它们的有限性不但是可以预测得到，而且也是可以看得见，摸得着的。开采技术的不断提升，从另一重意义上说，意味着开采难度的逐渐加大。同时，开采成本的不断增加，意味着可开采的能源资源逐渐接近尾声。再接下来就会是一座座煤矿被废弃，一口口油井被采空，一座座气田不再生产，一座座资源性的工业城市走向衰败。这样的悲剧自欧洲工业革命以来，不断地在世界各地轮番上演，人们从最初的惊愕、恐惧到司空见惯，逐渐明白了能源资源的无限性和有限性，明白了煤炭、石油、天然气这一类的化石能源从本质上说是在地球生长的某一阶段产生并不可再生的，所以人们称其为不可再生能源。

　　不可再生一语，表明了能源的有限性。当然有人会提出另一种看法，即人类的智慧是无限的，随着科学技术的进步，人类还可以发现、开发和创造出新的能源。比如，按照科学家们的推算，太阳光线一个小时的照射所产生的能量就足以支撑全球经济运行一年，按照这样的结果来看，人们对能源的供应还是乐观的。可是按照目前最乐观的估计，在2020年以前全球由可再生能源提供的电力也只能达到20%，很难在短时间内替代传统的化石能源。相对于发达国家而言，中国开发和利用可再生能源的相关产业尽管发展很快，但由于起步较晚，技术水平相对落后，加之管理体制和支持市场化运作的相关机制障碍影响，在可以预见的未来，也不可能在传统能源的替代方面比他国走得更快。有人设想，如果在太空更接近太阳且不受地球大气层折射影响的地方，如在月球上安装太阳能极板发电，再用微波方式把电能输送到地球上来，可以解决人类对能源的需求。这样的设想在若干年前说出来，一定会被人斥责为疯话。到了今天这样的时代，科学技术的进步已经使许多不可能成为可能，人们对新主张、新事物的评价不会轻易否定，反而会更谨慎，但是若想把这样的伟大设想变成现实，显然还会有相当漫长的时日去等待。

能源需求的刚性与弹性

　　图3－1是进行市场价格分析常用的需求曲线。

　　需求曲线显示价格与需求量的关系。它表示在其他条件相同时，每一价格水平上买主愿意购买的商品量，即在每一价格下所需求的商品数量。需求曲线的斜率表示需求的价格弹性。商品的价格弹性越高，曲线的斜率就越大，价格每变动一个单位所带来的需求将非常多。可是在这个图中需求量是不能被观测的，只能分析这种商品的价格和需求量之间的走势，所以需求曲线的斜率并不是一成不变的，大多数商品的需求曲线的斜率都是渐渐变小的，表明随着价格的降低需求量会不断增加，需求曲线会逐渐变得平滑起来，这种需求是弹性需求。刚性需求则不同。刚性

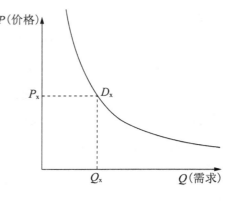

图 3-1　需求曲线

需求曲线在理论上是一条直线，即不受价格变动的影响或相对而言受价格变动影响较小，其需求量是一定的。从图示中可以看到，刚性需求是相对于弹性需求而言，指的是商品供求关系中受价格影响较小的需求。我们以家居生活为例，有各种各样的商品包括日常生活用品和家用电器、家具一类的耐用消费品，这些用品人们会根据其价格变动的状况和家庭收入与支出计划等决定适时采购或不采购，需求可以归类为弹性需求。但是另一种商品则不同，如食盐，人们不会因为食盐价格低就多消费，也不会因其价格高就拒绝消费。在某种意义上说，粮食也是这样，不过相对于食盐来说，粮食的刚性需求具有一定的柔韧性，因为在一定情况下，粮食可以由肉类或蔬菜、水果或者蛋和奶适当替代之。

在现代生活中，能源也是一种商品，它的消费同样受消费需求规律支配，具有刚性需求和弹性需求两个部分，所不同的是，刚性需求部分表现得更突出、更绝对化，弹性需求略显不足。这种状况无论是对企业、政府、社会还是对个人和家庭来说都是如此。

先说能源消费的弹性需求部分。电费上涨，人们用电时会更加小心，注意人走灯灭，节约用电，但是不可能不用电。油价上涨，人们会

谨慎开车出行，会改开小排量车，搭公交车或乘顺风车，但是不可能不出行。这种情况下，对于居住在北方的人们在冬季取暖的时候，和居住在南方的现代人在夏季纳凉的时候都会遇到一样的挑战，人们用于取暖或降温的能源可以有使用程度的差别，不可能有用或不用的差别。这就是能源消费的弹性需求。

与此相对，能源消费的刚性需求却不是这样，它是绝对递增的、不可逆的，这一点并不以人们的主观意志为转移。国家和社会必须无条件地解决和满足这种需求。何以见得？因为能源消费的刚性需求取决于以下几个因素：

其一，人们对生活舒适程度的改善有着不懈的追求。无论是古今还是中外，人类总是在为改善自己的生存环境和生活条件做着不懈的努力和斗争。在某种意义上，可以说这就是人类生存和发展的原发动力。首先是火的发现和应用，接着是各种传统能源的发现和应用，接下来会是新能源的发现和应用。这些发现和应用无疑都与改善人类自身的生存环境和生活条件有关。也许未来的某一天，对于人类来说，能源真的枯竭了，那或许就是人类社会的终结。

其二，在现代社会中，对大多数人而言已经解决了温饱问题，无论是对小康社会的追求还是对现代化生活的渴望，都是对能够过上美好生活的追求和期待。美好生活的标志是什么？可能会因时、因地、因人而异，但是从人类社会发展的历史趋势而言，有一种标志是共同的，那就是物质更丰富、生活更舒适、社会更民主、精神更自由。可以想见，这样的生活怎么会离开优质能源提供的基本保障呢？很显然，靠燃烧农作物秸秆取暖做饭不是小康生活，靠打煤饼（20 世纪七八十年代中国城市里的人们都在这么做的事）和烧蜂窝煤取暖做饭也不是小康生活。远的不说，最近 20 多年来，中国农村青壮年解脱了土地的束缚进城务工，他们被称为农民工。笔者虽然没有做过实际调查，但是可以肯定地说，就连他们追求的生活目标也绝不会是原有的生活水平，不会仅仅渴望到城里来打煤饼或烧蜂窝煤取暖做饭，至少他们中的许多人是为了自己的下一代永远改变命运而来，即使他们自己现在还居住陋室、烧着煤炉、用蜂窝煤取暖做饭，可是他们有着美好的期待，那就是让他们的子孙后代过得好起来，这已是不争的事实。而城里小青年的追求更为现实，现在城里年轻人流行的成家立业标准是要有房有车，支持这个标准的物质基础除了金钱以外是什么？毫无疑问，是能源。金钱不过是生活必需品的一般等价物，生活必需品有什么？柴、米、油、盐、酱、醋、茶，第一位就是柴，是能源。

其三，曾经给我们留下深刻印象的上海世博会的主题是："城市，让生活更美好"。这样的理念在今天的社会已经深入人心。现代社会发展的标志是城市化建设水平，对于一个国家或一个地区来说，城市化水平越高，社会发展水平就越高，反之就越落后。全世界现在大约有一半人口生活在城市当中，中等收入国家城市化水平高于60%，高收入国家城市化水平约为80%。然而许多人在向往和追求城市生活的时候也许都不会注意到，城市化水平的提升是以能源消耗量的绝对增长为前提的。据权威机构统计，城市人口的能源消费量差不多是农村人口的3.5～4倍。所以，"城市，让生活更美好"口号喊起来容易，真正做到则要以成倍增加能源供应，成倍增加能源消费为代价。尽管千百万人在向往和追求美好生活的过程中自己不曾关注，但是对于国家和城市管理者来说却不得不面对如何满足这种需求的严酷事实。

其四，在现代社会中，即使是农业生产和农村生活，能耗水平也在不断上升。过去说能源是工业生产的粮食。现在看，这样的说法虽然没有错，但是已经很不全面。从传统的观点来看，农业生产是靠天吃饭的，只要风调雨顺就万事无虞了，似乎不在乎能源消费。但是现代农业就不同了，不用说农民和农村的生活要用电，就拿农业生产本身来说，从育种、种植、管理和收获的全过程看，农、林、渔、牧各业都离不开农机、农药、化肥、水力、电力以及运输、加工的各种保障和支持。在上述这些方面，不但早已经和刀耕火种的落后方式不可同日而语，就是和人拉肩扛、驴车牛马齐上阵的时代也早已挥手告别多时了。仅从电力水平消耗来看，2010 年全国电力消费平均增幅 5.96%，代表着作为第一产业的农业的电力消费增幅为 7.86%，是代表第二产业的工业生产的电力消费增幅的 1.89 倍（数据来源于中国电力企业联合会）。在许多地方，人们在研究反季节蔬菜、反季节水果如何生产，研究农产品采摘和收获后如何运输、如何保鲜，这些技术不仅涉及传统能源的使用，也涉及风能、太阳能、地热、冷链技术等新能源和新技术的应用，所以第一产业的升级换代也离不开能源的支持。

其五，以 IT 业为代表的高新产业异军突起，迅速成为能源消耗大户。和传统的制造业相比，IT 业属于服务类第三产业。随着互联网的发展，特别是大型的数据中心的建设，服务器将越来越多，语音计算也好，大型存储也好都会消耗更多的电力资源。有人做过统计分析，仅仅2007 年，中国 IT 产业用电量就已高达（400~500）亿 kW·h，相当于整个三峡水电站一年的总发电量，而且这种趋势有增无减。同样是来自中电联的数据，2010 年代表服务业的第三产业电力消费量增幅高达12.11%，远远超过前两个产业电力消费量的增长幅度。

中国城市化进程带来的能源压力

城市化率是一个国家或地区经济由贫困向中等或高收入国家或地区

转型的一项重要标志。国际经验表明，一个国家或地区的城市化率在20%以下为贫困和欠发达水平，基本上属于农业国。城市化率达到20%以后开始进入发展中水平，这时的产业经构会逐渐从以农业为主向以工业为主转变，这是一个较为漫长的过程。当城市化率在20%～70%之间逐步提升时，产业结构则经历着从以农业为主导向以工业为主导的最终转变。这个时期的特征之一，就是人均耗能和能源强度在同时快速上升。当城市化率达到或超过70%后，城市化的进程基本完成，这时的产业结构逐渐转为以第三产业为主，能源强度会出现稳步下降，进入均衡状态，人均能源需求则进入相对缓慢增长或平稳发展的阶段。

在城市化进程中，除工业发展直接需要能源支持外，交通事业的发展也需要消费大量的能源资源。这是因为城市化的发展，促使劳动力逐渐从农村进入城市，产业发展呈现出明确的专业化分工特征。专业化生产意味着生产者不能为自己提供全面的商品和服务，而只能凭借社会分工和协作完成产品的生产制造和市场销售全过程。这种情况促进了市场和交换行为的发生。城市化进程通过集中各种生产要素以获取相应的规模效益。随着各种生产要素在城市不断集中，农业人口也会从农村脱离出来集中到城市里来，由农民转变为城市居民。与此同时，现代工业分工需要将各种生产要素运输并集中到城市进行生产加工，完成生产后再将产品分送至包括农村在内的各类消费市场。因此，城镇与乡村之间、城镇与城镇之间，城镇与大都市之间都需要为市场供需双方提供一个高效、便利的运输体系，这就是公路、铁路、空运和水路运输必须得到相应发展，甚至是做为基础设施提前发展的直接原因。同时，这也是在推进城市化进程中必须增加能源供应的直接原因。

城市化进程增加能源强度和人均能源消耗的另一重要因素是，城市化进程必将推动大规模城市基础设施和住房建设。这个进程不但需要大量的水泥、钢材、建筑材料,还需要装修、装饰、家具、家电等消费材料和大量的生活消费用品,它将直接拉动建筑业发展。建筑业在发展中除了间接消耗第二产业转移过来的产品,还要直接消耗水、电等二次能源。项目完成后,更需要大量的电、水、气、热等维持运行。直观地看,城市建设就是使用土地和建设基础设施与房屋,也是在扩大能源使用和能源消费需求。中国是个拥有近 14 亿人口,幅员辽阔的大国,从我国城市化发展的实际情况看,这些实实在在的物质需求靠进口是根本无法解决的,只有依靠中国自己的力量来生产和供应。在这一生产过程中,即便生产技术进步能提高能源使用效率,但中国能源消费总量仍将会经历一段刚性的高增长阶段,这是任何人都不会怀疑的事情。与此同时,我国的城市化水平正以惊人的速度飞速发展。国家统计局数据表明:从 2002 年至 2005 年的 4 年间,我国城镇化率分别为 39.1%,40.5%,41.8%,43%。这意味着,中国的城市化率水平已经连续三年超过了 40%,实现了稳定增长的目标。由此向前追溯,中国的城镇化率从 20% 起步到超过 40%,只用了 22 年时间,这个过程比发达国家平均快了一倍。2008 年,全国城市化率已经达到 46%,当时的世界平均水平是 55%。在此基础上,国家提出到 2020 年要达到 55%,2050 年争取到达 65% 的发展目标。然而,即使到这个水平,也还是远远低于发达国家 85% 的平均水平,这表明我国的城市化进程还有很大的发展空间。

2011 年,中国社会科学院在北京发布第五部《城市蓝皮书:中国城市发展报告》指出,2011 年中国城镇人口总量已经达 6.91 亿,城镇化率已经突破 50%,达到 51.27%。人口城镇化率超过 50%,这是中国社会结构的一个历史性变化,表明中国已经结束了以乡村型社会为主体的时代,开始进入到以城市型社会为主体的新时代。据中国国家统计局

最新公布的数据，到 2013 年末，中国城镇人口占总人口比重升至
53.73%。这一数字表明，在改革开放推动下，中国经济稳步增长，社
会进步不断发展，促进了城市化率水平不断提高，国家原来计划到
2020 年城市化率达到 55% 的目标有望提前实现。这是我国综合国力不
断增强和人民生活水平不断提高的综合反映。

据有关部门预测，以 14 亿~14.5 亿的人口基数计算，中国在未来
几年内还将有 3 亿左右的农村人口转为城市人口，将迁移进城市居住和
工作，这一数量差不多相当于目前美国人口的总和。可见，对于中国来
说，国家城市化进程带来的能源强度压力不但是巨大的，而且是长期
的、持续的、不容忽视的。所以能源问题绝不是挖煤、打井和买油、买
气那样简单，它不仅直接涉及人民福祉，也直接涉及国家安全——能源
安全。

庞大的能源包袱

与巨大的能源压力同时存在的是中国扛着庞大的能源包袱。据统
计，2012 年我国一次能源消费量为 36.2 亿吨标准煤，占全球能源消耗
的 20% 相对于中国产业的 GDP 总量来计算，我国的单位 GDP 能耗是世
界平均水平的 2.5 倍，美国的 3.3 倍，日本的 4.5~5 倍。不仅如此，
我们也高于巴西、墨西哥等发展中国家。由此可以看出"中国能源消耗
高，能效极低。"根据中国工程院院士、原能源部副部长陆佑楣的测算，
在能源消费总量不变的情况下，如果我国单位 GDP 能耗达到世界平均
水平，GDP 规模可以达到 87 万亿元；达到美国能效水平，GDP 规模可
以达到 109 万亿元；达到日本能效水平，GDP 规模可以达到 175 万亿
元。有专家对我国二次能源的使用效率也进行了分析，结论是我国的二

次能源利用效率也比世界水平低近 10 个百分点。分析以 2008 年中国全社会用电量作为基数进行对比。当年，中国用电总量为 35 000 亿 kW·h，其中仅在输电、配电和用户端的损耗就约占 9% 。每年线路损失约为 3 000 亿 kW·h，折合标准煤 1.5 亿 t，相当于 7 000 万 kW 的装机容量，3 000 亿元的电源投资和 3 000 亿元的电网投资没有发挥作用而被白白浪费。可见在中国不但开发能源资源迫在眉睫，节约使用能源，制止损失浪费更加迫在眉睫。

除了这些可以计算的能源损失外，还有一种相当大的损失浪费常常被忽略掉，那就是在城市建设过程中的大拆大扒。为了扩大城市化规模，在尽可能保护基本农田的基础上加大城市化基础设施建设和住房建设是应该的。可是近些年来，中国有些地方在实施老城区改造过程中除了拆除棚户区、完成改建、改迁外，有一大批本来没到使用寿命的基础设施和房屋建筑也遭到大拆大扒。国家规定，中国城市的住房居民使用权为 70 年，可是有些住房或公共建筑的寿命还不到二三十年就被划定拆迁或翻建，一拆了之，美其名曰"腾笼换鸟"，有的地方甚至连列为文物保护的古旧建筑也不放过。尽管经常遭到民众反对也依然我行我素。为什么会这样？因为与 GDP 增长有关，与土地财政有关，与当地官员的政绩有关。可是人们唯独忘记了，即使那些旧建筑也都是一种载能体，当初建设的时候也消耗了大量的资源与能源，没有到达当初的设计使用寿命而遭废弃，实际上就是在浪费能源资源和社会财富，这种 GDP 增长方式不但是粗放的，简直是野蛮的、不可持续的。欧洲许多国家都以保留古老的建筑物为荣，除了尊重历史，也是尊重劳动、尊重自然。

新能源的开发与利用

自从发现和使用了火，人类对于探索新能源的努力就一直没有停止过。进入 20 世纪后半叶，当中国的改革开放正在蕴酿之中时，人们就预测第二次工业革命的高峰期已经出现。这种预测的前提是以全球范围的石油人均占有量峰值为依据，杰米里·里夫金据此把 20 世纪称为石油世纪。理由很简单，在全球经济体系下，任何商业活动都与石油等化石能源的供应息息相关。种植粮食需要化学肥料；杀虫剂，水泥、塑料等建筑材料的生产也需要化石燃料；大部分药剂的制造也需要化石燃料。很大程度上，我们穿的衣服也是石油产品人工合成的。交通、电力、热能和物流也概莫能外。可以说整个人类文明都建立在石炭纪储存的碳资源上。但是，在分析了石油价格由 2001 年每桶不到 24 美元发展到 2008 年创纪录的每桶 147 美元之后，里夫金说："我们正处于第二次工业革命和石油世纪的最后阶段。"

面对一次次出现的石油危机，人们不得不重新审视传统的能源结构，寻找具有可再生性的绿色能源。科学家指出，太阳光线一个小时的照射所产生的能量，足以支撑全球经济运行一年。有研究人员估算，如果能将美国西南部地区太阳照射中的 2.5% 能量转化为电能，这些电能就能提供全美国用电的 69%。欧洲光伏工业协会也做出过预测，如果在所有适合的建筑物表面安装光伏发电装置，就能够产生出满足欧盟所需电量 40% 的电能。

面对能源供给的严竣形势，中国在开发和利用新能源的研究方面也在下力气作文章。国务院新闻办公室于 2012 年 10 月 24 日发表的《中国的能源政策（2012）》白皮书包含了我国能源发展现状、政策和目标、全面推进能源节约、大力发展新能源和可再生能源、推动化石能源清洁发展、提高能源普遍服务水平、加快推进能源科技进步、深化能源体制改革、加强能源国际合作等几个方面；并指出中国将坚定不移地大力发展新能源和可再生能源，到"十二五"末，使非化石能源消费占一次能源消费比重达到11.4%，非化石能源发电装机比重达到30%。由于我国第二产业占GDP的比重仍然很高，终端总能耗占70%左右。发达国家第二产业比重为30%左右，终端总能耗点约占1/3。据1973年–2009年的相关资料介绍，经济合作与发展组织（Organization for Economic Co – operation，OECD）34个国家工业终端总能耗已经下降了23.5%。同时，交通能耗上升了68.6%，家庭和商业能耗上升了36.9%。这说明工业化过程将决定能源消耗的走向，节能减排的任务任重道远。

进入2014年，面对紧迫的能源供应和节能减排形势，国家加快了节能减排的总体步伐。国家发改委副主任、国家能源局局长吴新雄指出"2014年能源工作将着力转方式、调结构、促改革、强监管、保供给、惠民生，打造中国能源'升级版'"，并提出"以提高能源效率为主线，保障合理用能，鼓励节约用能，控制过度用能，限制粗放用能"。同时，他强调"在转变能源消费方式方面，将控制能源消费总量过快增长，同时继续促进能源结构优化，降低煤炭消费比重，出台并组织实施煤炭减量替代方案，大力发展清洁能源。"这将是结合我国能源结构和能源实际使用情况提出的长远方针。

在新能源开发和利用方面，值得一提的是中国的光伏产业。光伏发电是在1997年联合国关于防止全球气候变暖的京都会议之后迅速发展起来的。由于利用光伏技术采用太阳能发电对生态自然环境的污染为零，因此人们将它称为绿色电力。光伏发电产业链包括单晶硅或多晶硅等硅料生产、硅锭铸造、硅片切割、制造太阳能电池、生产光伏组件、安装服务和并网发电等过程。由于光伏发电可以在某种程度上代替燃煤发电，因此可以达到减排二氧化碳等温室气体、保护环境的积极目的。近年来，为适应节能减排的需要，我国也把光伏发电列为战略性新兴产业的内容之一，鼓励其发展。在这一产业中走在前列的是英利集团。该集团从 1998 年进入光伏领域，经过短短十几年的发展，已经成为全球最大的垂直一体化的光伏产品制造商，产品遍及国内外市场。公司在河北省保定市建成了全国首座光伏大厦，采用自主研发的双玻组件，使大厦主楼和商务会展中心的总装机容量达到 0.8MW，年发电量可达 68 万 kW·h，减排温室气体 713t。截至 2013 年，全球每 10 块太阳能光伏电池组件就有一块来自英利，有超过 9GW 的英利光伏组建在全球各地为客户服务，每年可提供 99 亿 kW·h 清洁电力，可节约标准煤 396 万 t，减排二氧化碳等温室气体 2.3 亿 t（相当于减排了 100 万辆汽车的排碳量，也相当于再造了 1.7 亿万 m^2 的森林）。当然，人们也不会忘记，中国光伏产业的发展并不是一帆风顺的，一是屡遭欧美等发达国家抵制，二是存在一哄而起盲目竞争的现象。在全产业链生产中，硅料生产和硅锭铸造过程是高能耗高排碳的过程，如何处理好投入产出关系，在造福他人的过程中自己也做到清洁生产，有序竞争、持续发展，也是摆在中国新能源企业面前必须给出合格答案的严肃问题。

第四章　气候变化与节能减排

气候变化问题的由来

　　2011 年"两会"召开前夕，时任国务院总理温家宝同志通过中国政府网和新华网与网友进行了在线交流，其中一个重要议题就是节能减排问题。温总理指出：在下一个五年中，中国计划将单位 GDP 能耗和二氧化碳排放量降低 16% ~ 17%。外电评论：这是中国领导人首次阐明中国新五年规划的能源和碳密度目标，且这一目标与到 2020 年使碳密度在 2005 年水平基础上降低 40% ~ 45% 的政府承诺是一致的。

　　另外，在这次在线交流中，一位名叫"风云变幻"的网友报怨说：当地官员为了完成节能目标，强制拉闸限电，搞得老百姓打着手电做晚餐。温总理看到这个问题后十分气愤，要求各级政府严肃处理，立即恢复居民用电。

　　为什么减少二氧化碳排放量会与强制拉闸限电联系在一起？为什么节能减排会影响到老百姓的正常生活？这说明应对气候变化与节能是密切相关的。在现实生活中有许多人把两者分开来看，认为节能是节能，减排是减排，气候变化是气候变化，这是不正确、不全面的认识。为了说明这些问题，我们要从 2007 年 11 月联合国发布的一份文件说起。

　　2007 年 11 月，联合国政府间气候变化专门委员会（IPCC）发表《第四次评估报告》。报告指出：全球"气候变暖已经是一个可以证明的事实"。这项调查是经各国著名专家进行多年，根据一系列实际排放情景测算得出的。其结论是：从 2000 年到 2030 年，全球温室气体排放量将增长 25% ~ 90%，每 10 年全球气温增长 0.2℃。即使采取措施将排放水平维持在 2000 年的水平，预计每 10 年全球气温也将增长 0.1℃。总之，地球已经升温、已经发烧了，这是一个很可怕的事实。

那么，地球升温、发烧，会出现什么后果呢？

专家们给出的结论是：

（1）生物多样性会遭到破坏；

（2）生态系统的产品和服务会受到严重影响；

（3）海洋酸化，海岸带被侵蚀，海平面上升；

（4）产生一系列人类所不曾遇到的气候灾难。

具体说，如果全球平均温度增幅超过 1.5℃～2.5℃，伴随着二氧化碳（CO_2）浓度的增加，生物多样性就会发生改变，生态系统的产品和服务就会受到影响。生态系统是在一定的空间和时间范围内，在各种生物之间以及生物群落与其无机环境之间，通过能量流动和物质循环而相互作用的一个统一整体。生态系统也是生物与环境之间进行能量转换和物质循环的基本功能单位。地球上最大的生态系统是生物圈，陆地上最重要的生态系统是森林生态系统、草原生态系统和农田生态系统。如果生态系统发生变化，水、粮食、水果、蔬菜、水产等供应都将产生显著不利的后果。海洋进一步酸化之后，海岸带被侵蚀，海平面就要上升，将导致数以亿计的沿海居民遭受严重的洪水灾害，特别是东南亚以及太平洋地区岛国和大批的海岸城市如纽约、伦敦、东京、上海、香港及孟买等都会受到严重影响。同时，全球经济将遭受重创，人类生存也将面临严重威胁。

应该指出，人类对地球变暖的研究并不是从现在才开始，科学家们对全球气候变化影响的研究，早在二百年前就已经开始了。法国科学家傅立叶最早开始了相关研究，他从人类生存的地球离不开来自太阳发出的阳光开始研究，发现地球不但会接受阳光的照射，也能反射阳光，使来自太阳光的热量逃逸。幸亏在我们的地球表面上空包裹了一圈厚厚的大气层，正是这圈大气层既防止了阳光的直接照射，不致于使地表温度过于炎热，也阻止了热量的快速散失，使地球表面不致于迅速变冷。

研究表明，由于大气层的作用，来自太阳的热能只有大约 30% 左右可以抵达地球，与此同时，大气层也能够通过捕捉长波热辐射，把从地球表面辐射出去的热量捕捉回来，再次温暖地球，而不是反射回太空。在这样的作用下，地球表面的平均温度才保持在 15℃，否则地球表面的温度就会大起大落、极不稳定。因为月球的表面没有大气层，所以白天在阳光垂直照射的地方温度高达 127℃，夜晚温度则可最低降到 −183℃，因此在月球上没有任何生命存在。地球之所以有生命，是人类的唯一家园，就是因为我们这个星球上包裹着大气层，大气层的这种作用就是我们通常所说的自然温室效应。

在大气层中，氮分子（N_2）占 78.00%、氧分子（O_2）占 20.25%，氩（Ar）占 0.93%，二氧化碳（CO_2）占 0.03%，再其次是氖、氦、氪、氙、氢、氯等。

爱尔兰物理学家约翰·廷德尔继续了相关的研究，他发现，并不是大气层中的所有气体都有自然温室效应，只有大气层中的水蒸气与二氧化碳才具有吸收热辐射的作用。廷德尔形容这种作用对于英国的植被来说就像毯子一样，"其重要性超过了衣服对人类的作用"。他的这一成果发表于 1861 年。之后，瑞典物理与化学专家阿列纽斯，花了整整一年的时间，用手工进行了上万次的计算，于 1896 年得出结论：如果大气层中的二氧化碳浓度增加一倍，地球表面温度就将上升 5℃ ~ 6℃。之后人们用大型计算机进行了验证，计算结果与阿列纽斯手工计算的结果基本相符，因此科学界认为阿列纽斯的贡献具有里程碑意义。人们将其形象地比作给地球包裹上了第二层毯子。1898 年，瑞典科学家斯万

（Ahrrenius）经过研究后，最先向人类发出警告：二氧化碳排放量的增加可能会导致全球变暖。

这些说法对不对呢？从 1860 年开始，科学家和研究人员就开始积累历史测量数据，构建全球平均气温模型，研究从那时以来的地球大气层中的二氧化碳浓度变化。科学家们还通过钻探和采集南极的冰芯，测量其中气泡的二氧化碳浓度，来分析不同年代的气温变化。这项研究得出的结论是：过去的一万年间，大气中二氧化碳的浓度大约是百万分之 280ppm[1)]。但是工业革命后的近 200 年间，这项指标就已接近百万分之 390ppm，增加了 40%。研究还发现仅从 20 世纪初开始，地球的气温就已经上升了 0.7℃。并且，有记录以来最热的 10 个年份，都出现在 1997 年以后。科学家们经过反复测算、论证，得出结论：如果不采取任何补救措施而听任二氧化碳浓度继续上升到工业革命之前两倍的话，平均地表温度将上升 1.5℃ ~ 4.5℃。那时地球将由于温度升高发生不可预测的灾难性后果。

虽然瑞典科学家斯万在 200 多年前就已对人类发出警告——二氧化碳的排放量会造成全球气候变暖，可是很久以来并没有多少人对此认真关注。直到 20 世纪 70 年代，随着科学家们的深入研究，气候变化的问题才引起人们的普遍注意。为了应对气候变化，联合国环境规划署（United Nations Environment Programme，UNEP）和世界气象组织（World Meteorological Organization，WMO），于 1988 年成立了气候变化政府间会议（IPCC），并在 1990 年发布第一份评估报告。此后又陆续发布第二和第三份报告。直到 2007 年 11 月，IPCC 发布的第四份评估报告才最终确认了全球气候变暖问题。

---

1)　　1ppm $= 1 \times 10^{-6}$

四十二年的回顾

事实上，现代社会对于全球气候变暖的普遍关注开始于 20 世纪 70 年代初。1972 年，联合国在瑞典首都斯德哥尔摩召开了人类历史上就环境问题为议题的第一次世界性会议。来自 113 个国家和一些国际机构的 1 300 多名代表集中讨论了全球环境问题。这是一次里程碑性的会议，标志着人类对环境问题的觉醒，也可以说是世界环境保护史上第一个路标，对推动世界各国保护和改善人类环境发挥了重要作用和影响。

在斯德哥尔摩会议上，科学家们发布了《只有一个地球》的主题报告，这是世界上第一份关于人类环境问题的完整报告。报告不仅论及环境污染问题，而且还将污染问题与人口问题、资源问题、工艺技术影响、发展不平衡以及城市化进程等联系起来，作为一个整体来探讨和研究，力求找出协调环境与发展的道路。经过与会代表的讨论，会议通过了题为《人类环境宣言》的政治宣言。宣言指出："为了在自然界里取得自由，人类必须利用知识在同自然合作的情况下建设一个较好的环境。为了这一代和将来的世世代代，保护和改善人类环境已经成为人类一个紧迫的目标。这个目标将同争取和平和全世界的经济与社会发展这两个既定的基本目标共同和协调地实现。"

斯德哥尔摩会议发布的《只有一个地球》和《人类环境宣言》，成为以后四十多年中，国际社会应对全球环境问题的基石。《人类环境宣言》所提出的保护和改善人类环境方面的基本原则，对后来世界的发展中产生了积极的影响。

1983 年，联合国教科文组织委托法国学者编写了《新发展观》一书。书中指出：新的发展观是"整体的""综合的""内生的"，其经济发展不仅包含数量上的变化，而且还包括收入结构的合理化、文化条件的改善、生活质量的提高，以及其他社会福利的增进。也就是说，经济发展体现为经济增长、社会进步与环境改善的同步协调进行。这本书对于指导全球可持续发展起了重要作用，以这本书的理念为基础发展起来的新的综合发展观在实践中逐步演变成"协调发展观"。

1987 年，联合国委托以格罗·哈莱姆·布伦特兰夫人（Gro Harlem Brundtland）为主席的世界环境与发展委员会起草著名报告《我们共同的未来》。《我们共同的未来》第一次使用了"可持续发展"这个概念，并且将它定义为"既满足当代人的需要，又不对后代人满足其需要的能力构成危害的发展"。这个观点得到各界广泛的重视，并且写入 1992 年联合国环境与发展大会通过的《21 世纪议程》等文件。现在，"可持续发展"已经成为世界环境保护工作的主题。

1992 年 6 月，联合国在巴西里约热内卢召开环境与发展大会。这是继 1972 年联合国人类环境会议之后规模最大、级别最高的一次"世界环境与发展问题"国际会议，也是人类环境与发展史上影响深远的一次盛会。183 个国家的代表团，70 个国际组织，102 位国家元首或政府首脑，上万名非政府组织的代表出席了会议。这次大会是人类在认识和处理环境与发展问题方面的一次飞跃，对后来世界的发展产生了深远影响。会议通过并签署了五个重要文件：《里约环境与发展宣言》《21 世纪议程》《关于所有类型森林问题的不具法律约束的权威性原则声明》《气候变化框架公约》《生物多样性公约》。其中《里约环境与发展宣言》和《21 世纪议程》提出建立"新的全球伙伴关系"，为今后在环境与发展领域开展国际合作确定了指导原则和行动纲领，是对建立新的国际关系的一次积极探索。

这次大会达成的共识是：要以公平的原则，通过全球伙伴关系促进全球可持续发展，以解决全球生态环境的危机。发展中国家正面临消除贫困和保护环境的双重压力，迫切需要来自发达国家的援助。这一点在《里约环境与发展宣言》被表述为"共同但有区别的责任和各自能力和公平的原则"，该原则为国际社会特别是发展中国家所普遍接受。会议主张，发达国家必须改变目前不可持续的发展方式，包括改变现有的不可持续的生活方式，减少自然资源的浪费，减少排放有毒有害物质，通过"把自己家里先整顿好"来为其他国家做出示范、做出表率。会议还呼吁发达国家通过资金援助和技术转让帮助发展中国家在经济上发展，从而使发展中国家在经济发展的基础上有能力保护和改善环境。会议主张国际组织及机构采取措施，保证贸易和经济发展的公平性，以维护发展中国家的利益。在经济发展与环境保护的一些关系的问题上，如环境与贸易问题、知识产权与环境技术转让问题以及保持当地传统文化等，必须尊重发展中国家的发展需求与权利，不以环境为借口对发展中国家的经济发展和贸易设置壁垒。

2002 年 8 月 26 日—9 月 4 日，为纪念人类环境会议召开 30 周年和里约热内卢环境与发展大会召开 10 周年，进一步推动里约会议所倡导的全球伙伴关系和可持续发展战略的实施，联合国在南非约翰内斯堡举行了可持续发展世界首脑会议。190 多个政府，5 000 多个非政府组织，2 000 多个媒体组织参加了会议。会议产生了《执行计划》和《政治宣言》。《执行计划》是里约热内卢峰会原则的继续，强调全方位采取具体行动和措施，包括执行"共同而有区别的责任"的原则在内，实现世界的可持续发展。《政治宣言》提出到 2015 年前，将目前全球日收入低于 1 美元、面临饥荒和不能得到安全饮用水的贫困人口数量减少1/2；到 2020 年前，显著提高目前全世界 1 亿多城市贫民的生活水平，努力实现"城市无贫民窟"的奋斗目标。会议回顾了斯德哥尔摩会议 30 年以来和里约热内卢会议 10 年以来的全球环境与发展的进程，确认了里约热内卢会议提出的"共同但有区别的责任和各自能力与公平的原则"，提倡全球的绿色发展。会议突出了两个主题：发展绿色经济解决贫困问题和推动可持续发展；建立切实可行并有程序保障的可持续发展的目标框架。

在应对全球气候变化，保护环境，坚持可持续发展和低碳绿色发展的进程中这些重要的国际会议和全球共识，在人类发展史上具有划时代的里程碑作用。

中国的认识与行动

在全球关注环境和应对气候变化的 42 年间，由于历史原因我国的认识整整晚了差不多 20 年。

1979 年，我国颁布了有史以来第一部《环境保护法》，开始用法制手段约束环境保护问题。随着对环境问题认识的逐步深入和与国际社会的进一步整合，1992 年我国不但参加了里约热内卢环境与发展大会并签署了会议的所有文件，这标志着中国开始参与全球环境保护的全面进程，中国已经意识到环境和发展的重要性及其相应的国际责任，以一个负责任的大国姿态出现在国际舞台上。

1992 年至 2012 年 20 年间，虽然我国一直积极参与联合国关于环境与发展及应对全球气候变化的各种活动，但在许多方面也有较大的分歧。一方面，在全球环境和生态文明建设问题上中国要树立负责任大国的形象，在国内积极开展节能减排和保护环境的各种行动；另一方面，也还有相当一部分人认为先污染后治理是一条基本规律，中国回避不了。我们只能先搞发展然后再在发展中解决环境问题。在这种思想指导下，首先是追求高速度、高增长，单纯追求 GDP，以增速论英雄。直到发现粗放型高增长不可持续，才开始把环境保护和可持续发展作为基本国策。其具体表现是颁布了《中国环境问题十大对策》和《中国 21 世纪议程——中国 21 世纪人口、环境与发展白皮书》。2002 年至 2012 年这十年，是中国在经济发展中把环境保护摆上十分重要议程的十年，提出了建设资源节约型、环境友好型的两型社会，希望通过引起各级政府和社会各个方面的重视，努力实现经济与环境的协调发展。

"十八大"之后，党和国家重新审视了改革开放三十多年来走过的道路，提出"经济建设、政治建设、文化建设、社会建设和生态文明建设"五位一体的发展思路。其中建设生态文明是"十八大"最新提出来的目标和要求，也是关系人民福祉、关乎民族未来的长远大计。总结三十多年高速发展的经验教训，面对资源约束趋紧、环境污染严重、生态系统退化的严峻形势，必须树立尊重自然、顺应自然、保护自然的生态文明理念；必须把生态文明建设放在突出地位，融入经济建设、政治建设、文化建设、社会建设各个方面和经济社会发展的全过程。党的"十八大"还提出努力建设美丽中国，实现中华民族永续发展坚持节约资源和保护环境的基本国策；提出坚持节约优先、保护优先、自然恢复为主的方针；要求着力推进绿色发展、循环发展、低碳发展，形成节约资源和保护环境的空间格局、产业结构、生产方式、生活方式，从源头上扭转生态环境恶化趋势，为人民创造良好生产生活环境，为全球生态安全作出贡献。这些明确而具体的指示和要求清晰地告诉各级领导和全体人民，生态文明就是指人们在改造客观物质世界的同时，要不断克服改造过程中的负面效应，积极改善和优化人与自然的关系，建设有序的生态运行机制和良好的生态环境。这不但反映了人类处理自身活动与自然界关系的进步，也是人与社会进步的重要标志。

由此我们可以清晰地认识生态文明建设的特点和宗旨：

第一，生态文明与原始文明、农业文明、工业文明一起构成一个逻辑序列，是人类社会一种新的物质文明形态。

第二，人与自然的关系是这几种文明形态最重要的区别，也是生态文明建设中的重要因素。

第三，原始文明是顺应自然、农业文明是崇拜自然、工业文明是企图征服和改造自然、生态文明是在适应自然的条件下谋求人与自然和谐发展。

第四，生态文明强调人的自觉和自律，强调人与自然的相互依存、相互促进、共处共融，达到主动的适应自然。

有了上述四个方面的认识，才可以体现以人为本和天人合一的理念，而我们许多认识哪怕是现在也还是停留在为了人类自己而善待自然的程度上，这其实是不够的。维护生态文明的秩序是我们的追求，保障绿色低碳发展是我们的目标，循环发展是我们应该采取的方式，能源生产和消费的革命是我们应有的手段。最终，我们就是要通过生态文明建设，努力建设一种人与自然和谐相处的新的社会文明形态。

应对气候变化的责任

迄今为止，由国际气候变化引起的碳排放的相关政策研究已经经历了二十多年的产生、发展和演变过程。在此期间，英国经济学家斯特恩在 2006 年发表的《从经济学角度看气候变化》指出气候变化将造成全球经济下挫 5%~10%；如果不加以控制，全球因气候变化造成贫穷的国家将会超过 10%；由于气候变化造成的社会总成本的增加量，相当于全球每个人的福利在现有水平上都将被削减 20%。这种预测进一步提醒世人对气候变化问题不能掉以轻心。

由于这是一件事关全球福祉的大事，所以不但各国的科学家、相关技术组织、联合国和各国政府都组织开展了相关研究，而且各国间也召开过了一系列国际会议并签订了一些重要的公约和文件。比较著名有：

（1）1992 年 6 月 4 日，在巴西里约热内卢举行的联合国环发大会（地球首脑会议）上，有 150 个国家的代表参加谈判，并最终通过了《联合国气候变化框架公约》（United Nations Framework Convention on Climate Change）。这是世界上第一个为全面控制二氧化碳等温室气体排放，以应对全球气候变暖给人类经济和社会带来不利影响的国际公约，也是国际社会在对付全球气候变化问题上进行国际合作的一个基本框架。

（2）1997 年 12 月，联合国在日本京都召开了"防止地球温暖化京都会议"，并通过了《京都议定书》。这份议定书是在《联合国气候变化框架公约》基础上，为了使人类免受气候变暖的威胁，商定发达国家从 2005 年开始承担减少碳排放量的义务，而发展中国家则从 2012 年开始承担减排义务。该议定书确定从 1998 年 3 月 16 日至 1999 年 3 月 15 日，用一年的时间开放签字，并确定《京都议定书》需要在占全球温室气体排放量 55% 以上的至少 55 个国家批准才能成为具有法律约束力的国际公约。2002 年 5 月 23 日，冰岛成为了"第 55 个国家"。俄罗斯在 2004 年 12 月 18 日通过了该条约后，达到了"55%"的条件。所以，条约在 90 天后的 2005 年 2 月 16 日开始强制生效，这时已经具有了 84 个签署国。中国于 1998 年 5 月签署并于 2002 年 8 月核准了该议定书条约。截至 2009 年 2 月，全球共有 183 个国家通过了该条约，签约国二氧化碳排放量超过全球排放量的 61%。美国的人口仅占全球人口的 3% ~ 4%，而二氧化碳的排放量却占全球排放量的 25% 以上，为全球温室气体排放量最大的国家。然而，美国竟以"减少温室气体排放将会影响美国经济发展"和"发展中国家也应该承担减排和限排温室气体的义务"为借口，拒绝签署《京都议定书》。

（3）2009年12月7日至18日联合国在丹麦首都哥本哈根召开《联合国气候变化框架公约》第15次缔约方会议暨《京都议定书》第5次缔约方会议。来自192个国家的谈判代表召开峰会，商讨《京都议定书》一期承诺到期后的后续方案，即2012年至2020年的全球减排协议。在这次会议上，温家宝同志代表中国政府向全世界庄严承诺：中国到2020年单位国内生产总值二氧化碳排放要比2005年下降40%～45%。

总之，自1988年联合国成立气候变化政府间气候变化专门委员会（Intergovenmental Panelon Climate Change，IPCC）以来，国际上有关应对气候变化问题的政策研究一直都在紧锣密鼓中进行。

（1）1990年，气候变化公约谈判为建立国际碳排放制度奠定了基础。

（2）1992年，《联合国气候变化框架公约》生效，标志着国际碳排放制度正式建立。

（3）1997年，《京都议定书》通过，使国际碳排放制度具有法律约束力。

（4）2007年，巴厘路线图确定了"双轨"谈判制度。

（5）2009年，哥本哈根协议维护已有的国际碳排放制度。

（6）2010年，坎昆协议支持并完善了现行制度。

（7）2011年，德班会议开启了2020年以后的碳排放进程。

在此过程中，最初中国一直处于被动状态。这是因为中国在技术层面上对应对气候变化的准备并不充分，而且也缺乏这方面的跟踪和研究。由于绝大多数有关气候变化的监控数据和环评报告都是由发达国家气象和科研部门提供的，中国缺乏自己的监测和研究数据，因此在参加国际谈判活动和有关气候变化的国际会议时，中国的表现比较被动。开会研讨时没有自己的资料，语言交流存在障碍，熟练运用国际法知识储备不足等，这些劣势使中国在参加国际环境问题的会议中缺乏话语权，常常陷于被动。之后，随着中国经济高速发展中出现的资源与环境问题，中国逐渐认识到应对气候变化问题的严重性。另外，国际环境对中国经济发展带来的压力也越来越大，中国各级政府逐渐开始重新审视这方面的问题，并把节能减排工作和发展节能环保产业纳入建设生态文明的范畴，成为重要国策。需要说明的是，关于全球气候变暖问题，到目前为止在国际上还存在一些争论。争论的问题集中在：

（1）气候是不是真的在持续变暖？

（2）人类活动和自然因素对近百年全球气候变化的影响孰大孰小？

（3）气候变暖对人类究竟有利还是有害？世界未来会不会真的变得那么可怕？

有些科学家对气候变化的关键科学问题提出了质疑，甚至否认IPCC 第四次评估报告的核心结论。某些更极端意见甚至认为，全球气候变暖是一场"闹剧"和人为制造的"骗局"。

对此，国家发展改革委副主任解振华认为："气候问题科学不确定性的争论一直存在，现在争论还在进行。但是，作为各国政府来说，对这个问题还是应该宁可信其有，不可信其无，我们不能拿人类的生存和长远的发展作赌注，应该采取积极的应对措施。"温家宝在哥本哈根会议上庄严宣布："气候变化是当今全球面临的重大挑战。遏制气候变暖，拯救地球家园，是全人类共同的使命，每个国家和民族，每个企业和个人，都应当责无旁贷地行动起来。"同样，全球多数科学家和政府都认同：人类只有地球这一个共有的家园，全球气候变化有可能给人类带来的难以想象的灾难；所有研究的目标都是为了预防全球气候变化，实质性地减少碳排放肯定比因为没有采取行动而冒由此带来后果的风险要好得多。

节能和减排的关系

经过这几年的宣传和工作上的推进，现在我们说到节能减排这个词，许多人都已经懂得其中包含两层含义，一是节约能源资源，二是减少温室气体排放。

节能指对能源资源的节省或节约。节省是把可以不耗费的东西减省下来，既达到一定的目的，也不多使用原料或材料。节省有两个途径：一是要搞好管理，二是开发和应用新的技术。节约是尽可能的少使用原料和材料。节约更侧重于对人的行为的要求，即为了达到节能的目的对人的行为进行约束。

为什么要节约能源？大家知道，到目前为止，全球接近九成的能源仍属于传统的化石能源，即煤炭、石油和天然气等。化石能源是一种碳氢化合物或其衍生物，是在千百万年前埋在地下的动植物经过漫长的地质年代，在高温高压的环境下形成的能源。化石能源是一次能源，用过就不能再生，用一点就少一点。随着人类的不断开采，化石能源的枯竭是不可避免的。据专家预测，到 22 世纪末，全球的化石能源就将消耗殆尽。所以人类必须采取措施，一方面要节省目前已有的有限能源资源，另一方面要努力研究和开发新的能源。

能源资源在地球上的分布区域不均，有的地方以石油为主，有的地方以天然气为主，有的地方以煤炭为主。我国是世界上少数几个以煤为主的国家。从 1978 年到 2007 年，我国能源消费总量从 57 144 万吨标准煤增加到 265 583 万吨标准煤，增长了 3.5 倍，其中煤炭消费比重高达70.7%。2010 年，我国的煤炭生产总量约为 26 亿吨，占世界煤炭总产量的 45%，占我国一次能源生产总量的 76%。在未来相当长的时期内，我国的能源结构仍将是以煤炭为主。

多年来，我国的能源消耗水平长期居高不下，造成大量的损失浪费。衡量一个国家或地区在经济发展中的能源消耗状况的一个指标是能源强度系数，该指标表明产生每万美元 GDP 要消耗多少吨标准煤。2006年，世界的平均能源强度系数为 3.37，中国为 9.94，美国为 2.62，法国为 1.76，日本为 1.65，英国为 1.48，发展中国家中巴西为 3.49，土耳其为 3.54，相对较高的印度也只有 6.87，还不到我们的 70%。可见我国的能源损耗情况十分严重，如果不力行节约将难以持续发展。所以，节约能源资源、建设两型社会是我国的长期国策。节能和减排是性质不同的两件事。但直至现在，仍然有许多人把减排理解为减少废渣、废水、废气的排放，或者统一说成为减少污染物的排放。他们将城市交通拥堵、空气污染、环境恶化、综合利用等都和减排混为一谈。其实，减排主要指减少二氧化碳等温室气体的排放。有的专家把二氧化碳的排放称做是一种全球性的"公共负产品"（global public bads）。实行碳减排，并不是一种对当地、对本国产生直接作用的节能或环境整治行为，而是一种对全球、对人类产生共同影响的公共行为。各个国家做这件事毫无例外的都是在尽着一种国际责任。

尽管我国的经济社会仍处在发展阶段，但作为一个负责任的大国，我们从不回避承担的责任。不过我们也应当看到，这种责任是无歧视而有区别的。如今发达国家已经过上富裕生活，但仍维持着远高于发展中国家的人均排放量，而且这些国家的排放又大多属于消费型排放；相比之下，发展中国家的排放主要是生存排放和国际转移排放。例如，我国现在有大量的产品供给全球消费，中国制造意味着资源和能源的消耗在中国，环境的恶化在中国，享受消费的在国外，因此这种国际转移排放应该引起关注。当今，全球仍有 24 亿人以煤炭、木炭、秸秆为主要燃料，有 16 亿人没有用上电，难道能让他们和欧美发达国家一样承担减排责任吗？显然不能。再有，目前我国正处于工业化、城镇化快速发展的关键阶段，能源结构以煤为主，我们显然不能因为排放问题而停止建设和发展的脚步，也不可能改变以煤为主的能源消耗结构，因此中国在降低排放方面存在特殊困难。在这种情况下，我们只能走两条道路：一是加快开发核能、太阳能、风能、氢能、生物能等少排放、零排放的新能源；二是对传统的化石能源大力节约使用。化石能源使用节约了，其消耗就必然下降，减少碳排放的目的也就同时达到了。在这种情况下，节能和减排这两件事就有机地联系在了一起。

需要强调说明两个问题：一是二氧化碳排放并不造成本地、本国或地球上某个地区的污染问题。它的增加只是造成大气层中温室气体成分的改变。二是节能与减排是两个层面上的问题。节能是一种国民行为，关注的是家庭、企业、国家以及我们子孙后代的直接利益。即使没有减排问题我们也必须搞好节能。减排是一种国际行为，关注的是全球的公共利益，是我们应尽的国际义务。

我国的能源结构与节能减排的压力

在现在的化石能源产品中，有人将石油和天然气形容为"精米细面"，将煤炭形容为"糙米粗面"。由于地球资源的先天禀赋所决定，我国是全球少数几个能源消费以煤炭为主的国家。2009 年，煤炭、石油、天然气在我国能源消费结构中的比重分别为 69.6%，19.2% 和

3.8% ，其中被称之为"精米细面"的石油、天然气合计为23% 。我们自然知道"糙米粗面"不好，"精米细面"好用。但在解决能源供给问题上，我们只能始终坚持从自己的国情出发来解决问题。

与此形成鲜明对照的是发达国家基本上是以油气为主的能源消费结构。2009 年，石油、天然气在美国的能源消费结构中的比重为38.4% 和26.2% ，分别高出中国19.2 个百分点和22.4 个百分点；石油、天然气合计在能源消费结构中的比重为64.6% ，高出中国41.6 个百分点。即使是像日本这种缺油少气的国家，能源消费结构也是以油气为主导。2009 年，石油在日本的能源消费结构中的比重为43.7% ，高于中国24.5 个百分点；天然气在日本的能源消费结构中的比重为16.6% ，高于中国12.8 个百分点；石油、天然气合计在能源消费结构中的比重为60.3% ，高出中国37.3 个百分点。据统计，2012 年，我国消耗了占全球近一半的煤炭，火力发电则烧掉了全国一半的煤炭。不断上升的能源消费问题和"糙米粗面"的落后能源消费结构，不但造成了减排温室气体的实际困难，也造成了煤炭燃烧过程中大量生成的细颗粒物，以至于形成不但弥漫于首都经济圈，也时常出现在中国东中部发达地区的严重的"雾霾天"，极大地影响了人们的生活质量，对城乡居民的健康水平构成直接威胁。

2011 年，我国的非化石能源生产和消费总量的比重分别为8.7% 和8% ，和上一年相比不升反降。而煤炭的生产和消费总量却仍在不断上升。在电力消费上，用在钢铁、石化、建材等重工业方面的电力占全社会用电总量的61.4% 。在煤炭消费上，电力、钢铁、建材和化工行业的耗煤量就占了煤炭消费总量的80% 以上。

与发达国家比较，我国无论是能源消费强度还是碳强度都比较高，我国单位 GDP 的能源强度是世界平均水平的 2 倍，与发达国家相比差距更大。2010 年，我国 GDP 总量与日本相当，但能源消费量却是日本的 4.5 倍。从能源消费总量看我国与美国相当，但 GDP 总量却只是美国的 40%。由于我国在能源结构中煤炭的比重相当大，所以 GDP 的 CO_2 强度与发达国家相比差距比能源强度更大。我国在哥本哈根气候大会上提出，2020 年单位 GDP 的 CO_2 强度比 2005 年下降 40% ~ 45% 的目标，"十一五"期间制定了单位 GDP 能源强度下降 20% 左右的约束性目标，"十二五"期间又制定了单位 GDP 能源强度下降 16% 和 CO_2 强度下降 17% 的目标，按此推算到"十三五"时 GDP 的 CO_2 强度需要再下降 15% ~ 16%，到 2020 年时 CO_2 强度才有可能比 2005 年下降 45%。然而，解决 GDP 中 CO_2 强度问题的路径只有两条，一是使能源结构优化，二是通过节能提高能源转换和利用效率。由于资源禀赋的限制，能源结构改变的难度极大，有专家推算，其贡献率只能解决 20%，另外的 80% 都要靠节能来实现。事实上，完成这些节能减排的定量指标并不是最终目的，最终目的应该是通过各行业向低能耗、高技术水平、高国际竞争力转型，促使国家全面绿色转型，实现本质意义上的节能减排。

必须看到，在全球范围内研究节能减排并不像物理学家或者工程师们研究这个问题那样简单、纯粹，这其中包含着许多政治因素和经济因素。在政治和经济的范畴中，节能减排行为直接涉及分配排放权和划分环境容量空间问题。这也是最近几年有关国际会议上各方争论不休毫不相让的核心所在。随着我国经济的不断增长和综合国力的不断增强，我国的国际地位不断提升，目前我国已是全球第二大经济体，也是最大的能源消费国和最大的温室气体排放大国。

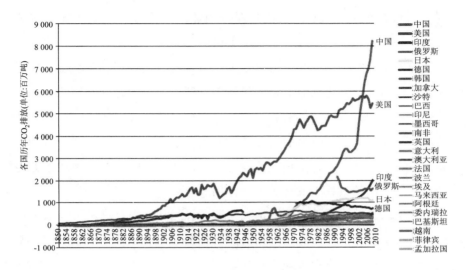

图 4 - 1　各国温室气体排放情况图

从图 4 - 1 中可以看出，我国是温室气体排放增长最快和总量最大的国家，温室气体排放是美国和欧盟的总和，2015 年前后有可能超过所有的发达国家的总和，我国的人均排放量也超过欧盟平均水平，年增量占世界总和的 60% 以上。这说明中国正在承受着巨大的国际压力，同时我们自己也有着相应的责任和义务。这个问题是绕不过去的，不很好解决，我国自身也难以持续发展。

节能就是最廉价的开发

新能源的开发和利用既有技术上的制约因素，也有投资和环境的制约因素，想在短时间内用新能源解决传统化石能源的替代问题是不现实的。另一方面，经济和社会的发展又不能等待万事具备之后再进行，这就是能源问题给社会造成的刚性压力。因此，以提高能源效率为主线，保障合理用能、鼓励节约用能、控制过度用能、限制粗放用能就成为中国国家能源政策的核心。无论是保障用能的合理性、限制用能的粗放性，还是控制用能的过度性，实质上讲的都是节能。

何谓节能？节能就是采取技术上可行、经济上合理以及环境和社会可接受的措施，来更加有效地使用能源资源。为了达到这一目的，需要从能源资源的开发到终端利用，更好地进行科学管理和技术改造，不断采用以提高能源使用效率和降低单位产品的能源消耗为目标的新技术、新工艺、新方法，加强管理、监控与核算，使有限的能源资源在服务生产、服务生活的过程中发挥更大的作用。

长期以来，受传统愚昧的地大物博的思想和计划经济只讲需求不计成本的影响，我国能源需求结构突出表现在用能的不合理、不科学、不经济、不节约上。不但工业生产中单位产品能源利用消耗高、浪费大、污染重，城市化进程中无论是单位、机关、公共场所还是城镇居民住所，都还没有形成合理使用能源、大力倡导节约的好习惯、好风尚，浪费现象比比皆是。这就在某种程度上进一步加剧了能源供应的负担。为了缓解能源供需矛盾问题，从根本上就要大力节约和合理使用，采用可以采取各种先进方法和措施，提高能源利用效率，严格控制钢铁、有色、化工、电力等高耗能产业发展，进一步淘汰落后的生产能力。同时，还要在城市建设和交通运输等领域共同推进节能。大力发展循环经济、积极开展清洁生产，全面推进管理节能，大力推广节能市场机制，广泛开展全民节能活动，促进节能发展。特别是要在能源需求侧和消费终端大力推广节能先进技术，达到效果倍增的目的，取得事倍功半的效果。

中国的节能减排状况

"十一五"期间，我国开始把能源消耗强度降低和主要污染物排放总量减少确定为国民经济和社会发展的约束性指标，并取得显著成绩。期间，能源消耗以年均 6.6% 的增速支撑了国民经济年均 11.2% 的增长。单位国内生产总值能耗由"十五"后三年上升 9.8% 转为降低 19.1%；二氧化硫和化学需氧量排放总量分别由"十五"后三年上升 32.3%、3.5% 转为下降 14.29%、12.45%；通过实施节能减排重点工程，形成节能能力 3.4 亿吨标准煤；燃煤电厂投产运行脱硫机组容量达 5.78 亿 kW，占全部火电机组容量的 82.6%。

"十二五"时期我国制定了更为细致明确、覆盖范围更广的节能减排目标。确定了单位国内生产总值能耗下降 16% 的总体目标，提出了主要污染源排放总量下降 8%~10% 的总体要求，各行业、各重点领域和主要耗能设备也提出了具体的节能减排目标。到 2015 年，全国万元国内生产总值能耗下降到 0.869 吨标准煤（按 2005 年价格计算），比 2010 年的 1.034 吨标准煤下降 16%，比 2005 年的 1.276 吨标准煤下降 32%，"十二五"期间，实现节能量 6.7 亿吨标准煤。

工业方面，对规模以上企业提出了单位工业增加值能耗下降 21% 的要求；对火电、钢铁、水泥、电解铝等主要高耗能产品的能耗则分别提出了具体的目标要求。

建筑方面，提出北方采暖标准执行率达到 95% 以上，绿色建筑标准执行率达到 15% 的目标要求。

交通方面，对铁路、公路、水运、航空单位运输周转量能耗水平分别提出了目标要求。

主要终端用能设备方面，对锅炉、电动机、汽车、家用电器等提出了能效改善目标。

公共机构方面，对公共机构单位建筑面积能耗以及人均能耗提出了目标要求。

值得注意的是"十一五"和"十二五"的开局并不顺利,两个计划期开局之年的主要节能减排目标均未实现。"十一五"开局的 2006 年,全国万元 GDP 能耗为 1.204 吨标准煤,仅比上年下降了 1.79%,只完成了年均节能目标 4.4% 的五分之二。化学需氧量(COD)和二氧化硫排放量不降反升。2011 年全国万元 GDP 能耗为 0.793 吨标准煤(按 2010 年价格计算),与上年相比下降 2.01%,没有完成年度下降 3.5% 的计划目标;氮氧化物排放总量为 2404.3 万 t,反而比上年上升了 5.73%。

"十一五"和"十二五"计划的开局不利的主要表现,一是限产措施过后迅速出现反弹;二是高能耗产品产量继续增长;三是能源转换效率不高;四是产能结构性过剩。据有关部门统计,我国制造业中有近 28% 的产能过剩,主要是结构性过剩。有 35.5% 的制造业企业产能利用率在 75% 左右。其中钢铁、水泥、煤炭、有色金属(主要是铜)等产能都已达到或者超过了全球产量的一半。由于工业特别是高耗能、高污染的行业增长过快,导致产业结构进一步失调。在产业结构调整中出现的一个怪现象是,在一个时期、一个地方被淘汰的高耗能、高污染的落后产能,在另一个时期、另一个地方又被重建起来。从局部地区看产业结构是调整了,可是从全国范围内看产业结构调整却继续失效。究其原因是对节能减排的紧迫性、艰巨性认识不足,片面追求经济总量增长、单纯追求 GDP 的问题,使整个国家的经济发展依旧在高能耗、高排放的环境中增长。越来越多的事实表明,中国过度工业化,过度出口依赖,过度投资驱动、过度粗放增长的模式将无法再持续。从总结经验教训的角度来看,"十一五"期间,我国的节能减排是以各级政府推进的方式主导进行的,现在看这种作法有很大的局限性,"十二五"期间节能减排将向市场主导的方向积极推进。

特别应该看到的是，中国近二十来年的发展，已经使得全球碳排放格局产生了重大变化，中国的影响和责任变得更大。1990 年，中国的人均碳排放量相当于世界的 1/4，十年后变成了 1/2。2010 年，中国人均排放 CO_2 当量已经达到 5t，世界平均水平只有 4.5t，超过了世界平均水平。据国际能源组织统计，2010 年中国碳排放总量已经超过 70 亿 t，占世界总量的 24%，比居第二位的排放大国美国还多 30%。从 1990 年到 2008 年，世界近 50% 的碳排放来自中国。2010 年中国新增加的碳排放量占世界的 70%。有人推测，如果按照目前的速度继续下去，2020 年前中国的碳排放总量将超过美国和欧盟的总和。据欧盟联合研究中心的研究报告称，如果按照目前趋势排放，2017 年中国人均碳排放量有可能超过美国，达到 16.9t。

根据目前的碳排放趋势预测，中国的碳排放总量将在 2030 年前后达到峰值。根据 2011 年德班会议的决议，我国将在 2020 年之后开始承担有法律约束的减排任务。显然，在接下来的时间里，中国亟待完成从高碳发展到低碳发展的艰难转折，如果不这样做，我国的发展届时就会面临国内外更加严峻的被动局面。面对这些压力，我们必须认识到，对于中国来说，剩下的时间已经不多了。从气候变化谈判和国际能源利用格局的角度来判断，中国发展的关键机遇期在今后 7 到 8 年，这是不可再现的 7 到 8 年。如果中国近期完成了根本转型，可持续发展的道路可以继续延伸，否则在进入 2020 年之后由于出现多重复合制约，中国的经济很可能进入长期低迷和不稳定期。

克服盲目乐观，正视节能减排问题

当前我国正处于工业化、城市化快速发展阶段。由于 GDP 过快增长，能源消费和二氧化碳排放也呈现出总量大、增长快的总体趋势。1990 年至 2011 年间，我国的 GDP 增长了 8 倍，二氧化碳排放总量增长 3.4 倍，成为全世界第一排放大国。能源消费总量由 1990 年的 9.87 亿吨标准煤，增加到 2011 年的 34.78 亿吨标准煤，增长了 3.5 倍。2011 年的能源消费量占全球比重的 20%，能源消费的 CO_2 排放接近全球排放量的 1/4。人均 CO_2 排放量 1990 年时约为世界平均水平的一半，目前已经超过世界平均水平，每年新增加的排放量占世界增长量的一半以上。2011 年我国煤炭产量已达 35 亿 t，超出科学产能的供应能力。石油进口依存度已经超过 55%，随着汽车拥有量的高速增长，石油产品的需求量将进一步放大，由能源消费引起的环境问题也会越来越严重突出。这种资源依赖型、粗放增长型的发展方式已经使我国的经济发展难以为继。在应对全球气候变化的国际谈判中也面临越来越大的减排压力。

2011 年 12 月，联合国气候大会启动增强全球减排行动力度的"德班平台"谈判。发达国家在谈判中力推建立适用于所有国家的统一的减排框架，挑战"共同但有区别的责任"原则，使我国面临空前的减排压力。

2012 年 6 月，里约 +20 峰会又通过《我们期望的未来》成果文件，对未来全球可持续发展和应对气候变化及中国的碳排放都将产生重大影响。

里约 +20 峰会的主题是"在可持续发展和消除贫困的背景下发展绿色经济"。可持续发展的三大支柱是"经济发展、消除贫困、环境保护"，在对气候变化问题上最为关注。里约成果文件中重申全球控制温升不超过 2℃ 的目标，强调指出："各国就到 2020 年全球每年温室气体排放所作的减排承诺的总体效应与有可能把全球平均温度维持在不高于工业化前 2℃ 或 1.5℃ 水平的总体排放路径之间存在很大差距"，呼吁各国加大减排力度。另一方面，欧盟等发达国家积极推进全球碳排放到 2020 年达到峰值，到 2050 年比 1990 年至少减半的全球长期减排目标，这将极大压缩未来全球的碳排放空间，使我国等发展中国家未来可持续发展面临排放空间严重不足的挑战。

全球绿色低碳发展的趋势，也将引起全球经济贸易规则的变动和争端。发达国家通过提高能耗和环保标准，设置"绿色贸易壁垒"，向发展中国家对其出口产品征收碳关税，实行贸易保护。碳关税对于出口产品以高能耗、低附加值为特征的中低端制造业产品为主的新兴国家来说，将严重影响其贸易竞争力。欧盟推出将所有进出其境内的航班纳入其碳排放交易体系就是个先兆。

对于中国来说，当前盲目追求发展速度的传统发展模式惯性还很大，虽然科学发展观喊了多年，但许多地方还是我行我素，以 GDP 论英雄。因此，从领导观念、政策机制、管理体制和方法上必须深化改革，亟待制止"愚昧的冒进"和"虚荣的膨胀"。要建立合理的绿色生活和消费方式。从一定意义上说，所谓生态，就是生存之态、生活之态、生命之态。要建立尊重自然、与自然和谐相处的文明理智的生态观。为此，中国现在和未来发展要以能源消耗和 CO_2 排放为紧约束，倒逼发展。除了调整能源结构，实现能源替代和 CO_2 吸收外，要重点在抓好节能减排，提高能源使用效率上下功夫。

为加强对节能减排的具体指导，国家下发了《"十二五"国家战略型新兴产业发展规划》，该规划列出了"十二五"期间国家重点支持的节能环保产业、新一代信息技术产业、生物产业、高端装备制造产业、新能源产业、新材料产业的具体发展目标、重大行动和重大决策。规划要求到 2015 年，战略性新兴产业增加值要达到国内生产总值的 8% 左右，到 2020 年要占国内生产总值比重达 15%。

具体鼓励推动的项目包括：

（1）发展高效节能锅炉窑炉；

（2）电机及拖动设备；

（3）余热余压利用；

（4）高效储能装备；

（5）节能监测设备；

（6）能源计量新技术、新装备；

（7）鼓励开发和推广应用高效节能电器；

（8）推广高效照明产品；

（9）提高建筑节能标准；

（10）开展既有建筑节能改造；

（11）大力发展绿色建筑；

（12）推广绿色建筑材料；

（13）加快发展节能交通工具；

（14）积极开展和推广用能系统优化技术，促进能源的梯次利用和高效利用；

（15）大力推行合同能源管理新业态；

（17）大力发展源头减量、资源化、再制造、零排放和产业链接等新技术；

（18）进一步发展核能产业；

（19）发展风能产业；

（20）发展太阳能产业；

（21）发展生物能产业。

第五章　节能措施综述

国家节能政策

党的"十八大"首次将生态文明建设列入"经济、社会、政治、文化、生态"建设五位一体的总体布局，系统地提出了建设生态文明、建设美丽中国的要求，彰显了党和国家继续大力推进节能减排，发展新型能源，破解粗放式经济发展对经济增长造成的硬性约束，确保 2020 年全面建成小康社会的坚强决心。

为落实党的"十八大"的总体要求，2013 年 1 月国务院下发了《关于印发能源发展"十二五"规划的通知》，提出"十二五"期间中国要实施能源消费强度和消费总量的"双控制度"，到 2015 年全国能源消费总量和用电量要分别控制在 40 亿吨标准煤和 6.15 万亿 kW·h，单位国内生产总值能耗比 2010 年下降 16%。

为了使"双控制度"进一步落到实处，国家改变了原来"一刀切"划分考核指标的做法，将全国划分为五个区域，按区域资源禀赋、经济发展现状等分配节能任务，将全国各省区划分为五个阶梯，实施差异化指标考核。如表 5-1 所示。

表 5-1　"十二五"期间全国各省区市节能目标分类

分类	单位 GDP 能耗下降率/%	省区市
第一阶梯	18	天津、上海、江苏、浙江、广东
第二阶梯	17	北京、河北、辽宁、山东
第三阶梯	16	山西、吉林、黑龙江、安徽、福建、江西、河南、湖北、湖南、四川、陕西
第四阶梯	15	内蒙古、广西、重庆、贵州、云南、甘肃、宁夏
第五阶梯	10	海南、西藏、青海、新疆
全国单位 GDP 能耗下降率：16%		

　　从表 5-1 可以看出，经济发达地区，如上海、天津、江苏、浙江和广东的节能目标高于全国平均水平。经济总量较大、节能潜力也大的北京、河北、辽宁、山东也高于全国平均水平。部分中、西部省份和经济欠发达地区低于平均数。海南、西藏、青海、新疆等省区受经济发达程度影响，指标比全国平均水平低差不多 40%。

　　为推动"十八大"精神的进一步落实，2013 年 8 月国务院又下发了《国务院关于加快发展节能环保产业的意见》。该意见再次强调指出："资源环境制约是当前我国经济社会发展面临的突出矛盾。解决节能环保问题，是扩内需、稳增长、调结构，打造中国经济升级版的一项重要而紧迫的任务"。意见还指出："加快发展节能环保产业，对拉动投资和消费，形成新的经济增长点，推动产业升级和发展方式转变，促进节能减排和民生改善，实现经济可持续发展和确保 2020 年全面建成小康社会，具有十分重要的意义。"

　　国务院在这份文件中确定了加快发展节能环保产业的四项原则。

　　（1）创新引领，服务提升的原则。要求加快技术创新步伐，突破关键核心技术和共性技术，缩小与国际先进水平的差距，提升技术装备和产品的供给能力。推行合同能源管理、特许经营、综合环境服务等市场化新型环保服务业态。

（2）需求牵引，工程带动的原则。要求营造绿色消费政策环境，推广节能环保产品，加快实施节能、循环经济和环境保护重点工程，释放节能环保产品、设备、服务的消费和投资需求，形成节能环保产业发展的有力拉动。

（3）法规驱动，政策激励的原则。要求健全节能环保法规和标准，强化监督管理，完善政策机制，加强行业自律，规范市场秩序，形成促进节能环保产业快速健康发展的激励和约束机制。

（4）市场主导，政府引导的原则。强调充分发挥市场配置资源的基础性作用，以市场需求为导向，用改革的办法激发各类市场主体的积极性。针对产业发展的薄弱环节和瓶颈制约，有效发挥政府引导、政策激励和调控作用。

十八届三中全会最新政策解读

2013 年 11 月 9 日至 12 日党的十八届三中全会在北京召开。全会通过《中共中央关于全面深化改革若干重大问题的决定》。全会公报中用"市场在资源配置中起决定性作用"代替了"市场在资源配置中起基础性作用"，新的提法对于市场在资源配置中处于支配地位的作用表达得更加明确、更加鲜明。这是一项鼓舞人心的重大政策改革。

市场决定资源配置是市场经济的一般规律，一般情况下，由市场配置资源比由计划配置资源可以带来更高效率。中国要从不完善的社会主义市场经济体制走向完善的社会主义市场经济体制，必须要遵循这条规律。市场对资源配置起决定性作用意味着，凡是依靠市场机制能够带来较高效率和效益，并且不会损害社会公平和正义的，都应该交给市场，政府和社会组织不应干预。各个市场主体在遵从市场规则范围内，根据市场价格信号，通过技术进步、管理、创新，来努力提高产品和服务质量，降低成本，在公平的市场竞争中求生存求发展，优胜劣汰。有了市场对资源配置起决定性作用的政策依据，对于加快节能环保产业的发展，更好地落实国务院制定的节能环保产业相关政策，实现加快发展的重要目标将会产生深远的重大影响。

国家发展节能环保产业的战略目标

国务院在明确加快发展节能环保产业政策原则基础上，进一步确定了三个主要目标：一是产业技术水平显著提升；二是国产设备和产品基本满足市场需求；三是辐射带动作用得到充分发挥。

产业技术水平显著提升要达到以下五个方面目标：（1）企业技术创新和科研成果集成、转化能力大幅提高。（2）能源高效和分质梯级利用、污染物防治和安全处置、资源回收和循环利用等关键核心技术研发取得重点突破。（3）装备和产品的质量、性能显著改善。（4）形成一大批拥有知识产权和国际竞争力的重大装备和产品。（5）部分关键共性技术达到国际先进水平。

国产设备和产品基本满足市场需求要达到以下三个方面的目标：（1）通过引进消化吸收和再创新，努力提高产品技术水平，促进我国节能环保关键材料以及重要设备和产品在工业、农业、服务业、居民生活各个领域的广泛应用，为实现节能环保目标提供有力的技术保障。（2）用能单位广泛采用"节能医生"诊断、合同能源管理、能源管理师制度等节能服务新机制改善能源管理，城镇污水、垃圾处理和脱硫、脱硝设施运营基本实现专业化、市场化、社会化，综合服务环境得到大力发展。（3）建设一批技术先进、配套健全、发展规范的节能环保产业示范基地，形成以大型骨干企业为龙头、广大中小企业配套的产业良性发展格局。

辐射带动作用得到充分发挥要达到以下四个方面目标：（1）完善激励约束机制，建立统一开放、公平竞争、规范有序的市场秩序。（2）节能环保产业产值年均增速在15%以上，到2015年，总产值达到4.5万亿元，成为国民经济新的支柱产业。（3）通过推广节能环保产品，有效拉动消费需求。（4）通过增强工程技术能力，拉动节能环保社会投资增长，有力支撑传统产业升级和经济发展方式加快转变。

节能技术改造和节能技术服务

所谓节能技术改造就是依据先进能源消耗标准，采用比平均水平更为先进的技术手段和管理方法，对原有旧设备、旧工艺和传统管理模式进行更新换代或管理升级，包括采用先进合理的耗能设备对原有高耗能设备进行替换；对生产设备或工艺过程中造成高耗能低产出的关键部件或关键部位进行合理改造；对因为管理粗放或有章不循造成能源消耗过高或滥用浪费的现象，以先进的管理方法和技术手段进行改造和提升，从而达到提高能源使用效率，降低单位产品能源消耗和生产成本，既为企业增加产品的市场占有率，又为社会节约能源资源的最终目的。

根据我国目前工业生产的装备水平，重点是推动企业实施锅炉、窑炉、换热设备、电动机的节能改造；还要推动余热、余压利用，使工业生产过程中过高的能源消耗尽快降下来。在交通方面，要努力开发替代石油新技术，开展交通运输环节和物流消耗节能技术研究与开发；在建筑节能方面，要推动半导体照明产业化和绿色照明行动的开展，推动楼宇能源消耗监测和综合节能技术研究；还要开展数据中心节能改造、努力降低数据中心、超算中心服务器和大型计算机的冷却耗能问题等。

所谓节能技术服务是指具有一定资质的专业化公司，以一项或多项成熟的专业节能技术，为服务对象提供诸如用能状况诊断，节能项目设计、融资、改造（施工、设备安装、调试）和运行管理等方面的服务。节能技术服务一般由专门设立的以盈利为目的的专业化公司单独或合作完成，且主要是采用基于合同能源管理机制进行运作。节能服务公司所采用的节能技术可以是公司自己的专有技术，也可以是业界成熟的通用技术。通常的实现方式是，节能服务公司与愿意进行节能改造的企业或其他用户签订节能服务合同，为用户的节能项目提供包括节能诊断、融资、节能项目设计、原材料和设备采购、施工、调试、监测、培训、运行管理等特色性服务，通过分享节能项目实施后产生的节能效益来赢利和滚动发展。从我国节能技术服务的发展看主要涉及的行业几乎涵盖全部工业。发达国家近年来也有将节能技术服务推广到居民家庭，通过服务既为服务对象节省了能源消耗开支，也为国家和全社会节省了能源资源，是利国利民实现双赢的有效商业模式。

我国自20世纪90年代引进合同能源管理机制以来，通过示范、引导和推广，节能服务产业迅速发展，专业化的节能服务公司不断增多，服务范围已扩展到工业、建筑、交通、公共机构等多个领域。2012年评出百强节能服务企业，冶金、建材、石化、电力为主要服务领域，主要项目集中在余压余热、变频改造、锅炉改造等方面。在百强企业中，民营企业占80%，完成的节能量占百强企业完成节能总量的60%。

合同能源管理

合同能源管理（Energy Management Contract，EMC）是 20 世纪 70 年代在西方发达国家发展起来的一种基于市场运作的全新的节能新机制。合同能源管理同传统的节能推动方式不同，它不是简单地推销产品或销售技术，而是通过提供一种旨在降低能源使用费用，集技术和管理于一身的综合管理方法来使能源供需双方共同受益。

合同能源管理一般是由节能服务公司（Energy Service Company，ESCO）来实施。换句话说，ESCO 主要的经营机制是合同能源管理，其结果是 ESCO 与客户一起共享节能成果，取得双赢的效果。ESCO 的标准定义是：提供"节能技术服务的专业化公司"，ESCO 是以提供一揽子专业化节能技术服务的以盈利为目的的专业公司，是集资金、技术、管理、咨询服务等多种功能于一身的服务提供商。

20 世纪 70 年代，"能源危机"使发达国家的能源使用费用大幅度提高，经济发展受到巨大的冲击。在这种情况下许多技术开发商和设备供应商，纷纷开始向用能企业推销较为先进的节能技术和节能设备。而一贯对自己企业的能源消耗情况莫不关心的企业所有者和经理人也产生了一系列疑惑。譬如，我的企业真实的耗能情况是怎么样的？有没有节能潜力？节能潜力在哪里？有多少？众多的节能技术和节能设备中，哪些是最适合本企业的？如何制订节能规划、设计和实施节能项目？实施这些项目所需要的资金从哪里来？投资回收的途径和时间怎样？诸如此类。

基于这种需求，完完全全适应市场的、全新的节能新机制——"合同能源管理"应运而生，并最先在美国和一些发达的市场经济国家中逐步发展起来。合同能源管理机制的实质是一种以减少的能源使用费用来支付节能项目全部成本的节能投资方式。这种节能投资方式，先以节能服务公司投资节能改造项目的方式为用户提供技术服务，并允许用户使用未来的节能收益偿还投资。那时美国等一些发达国家的第二产业已经过了高速成长期，设备老化、能源和原材料消耗逐渐增长的情况已经显现。同日本、欧洲和亚洲"四小龙"等国家和地区的后发优势相比已有很大差距。但是如果对旧有的设备全面进行更新换代的改造，对于许多老企业来说又力不从心。正是在这种情况下，采用"合同能源管理"这种投资方式就做到了既可为工厂和设备升级从而降低运行成本创造条件，也可为专门从事以技术加融资投入节能服务的专业公司实现盈利目标。正是基于这种市场化发展的需要，才使得"合同能源管理"这种新模式一经出现就展现了强盛的生命力。基于这种节能新机制运作的专业化的"节能服务公司"的发展十分迅速，尤其是在美国和加拿大，合同能源管理迅速发展成为一新兴产业。

合同能源管理的实现方式是，在接受节能项目投资的用户企业与持有专门技术和提供融资服务的盈利性能源管理公司之间，签订双方共同遵守的经济合同，双方依据合同的约定，共同推动节能项目的开展并分享项目效益。传统的节能投资方式是在节能项目中的所有风险和所有盈利都由实施节能改造投资的企业自行承担，而合同能源管理一般不要求实施节能改造的企业自身对节能项目进行大笔投资，或全部由节能服务公司解决投资，这就大大减少了实施节能改造企业的投资风险，同时也达到了对旧有的设备全面进行更新换代改造，降低能源消耗，节约成本开支，扩大市场占有率和与节能服务方分享效益的目的。

部分国家和地区节能服务产业的发展状况

美国

美国是 ESCO 的发源地，也是全球节能服务产业最发达的国家。在美国，联邦政府和各州政府都支持 ESCO 的发展，并把这种支持作为促进节能和保护环境的重要政策措施。

在支持节能服务产业方面，美国政府和各联邦政府采取的措施有：

（1）政府组织制定了有关建筑物节能的法规并由相关部门颁布相应标准；

（2）政府组织制定了有关环境保护的法案；

（3）政府颁布了若干能源审计的标准；

（4）各州政府制定了关于电力公司进行综合资源规划（IRP）的法案，这些法案使节能服务公司有机会参与其中的市场化动作；

（5）美国国会通过了有关联邦政府的所有办公楼宇至 2005 年节能 30% 的目标的议案；

（6）议会通过了有关联邦政府机构应与 ESCO 合作，实施合同能源管理和实现节能目标的议案；

（7）美国能源部对政府机关进行具体的指导和帮助，制定了若干关于合同能源管理的指导性文件。

上述官方的支持行动使节能服务在美国迅速发展成为新兴服务产业，也使各种支持节能的基金会和服务项目应运而生。20 世纪 90 年代初期曾以世界银行中国节能减排促进项目主管的身份，在中国传播节能减排理念，推广合同能源管理的罗博特·泰勒告诉我们：近年来，以家庭节能服务为目标的各类服务项目在美国也正在逐步展开。这些服务公司主要是以分析客户以往的电费账单和用电构成的形式，帮助客户制定合理的用电计划，避开社会上的用电高峰，通过削峰添谷的方式合理用电。这样做可使用户获得较高的经济补偿（奖励），节能服务公司获得来自于供电公司的合理报酬，电力公司也可以合理调度电力资源，减少建设电站和输变电系统的固定资产投资，实现一劳多赢。

加拿大

加拿大从一开始采取的措施就是主要针对政府行政机关和社会公共事业单位，率先推进合同能源管理，促进政府行政机构和社会公共事业机构率先接受节能技术服务公司的合同能源管理服务，他们认为这样做既可以减少行政预算开支，也可以给全社会做出表率。1993 年 4 月，作者率领中国辽宁省冶金系统企业家代表团赴加拿大考察就了解到，早在前一年，加拿大政府就已经开始组织实施"联邦政府建筑物节能促进计划"（The Federal Buildings Initiative，简称 FBI 计划），其目的是帮助各联邦政府机构与 ESCO 合作进行办公楼宇的节能工作，那时他们制定了到 2000 年使联邦政府各机构达到节能 30% 的目标。1995 年 7 月，作者随国家经贸委组织的合同能源管理考察团到加拿大再次考察时，他们的合同能源管理项目和节能技术服务已经推进到公立医院这样的公共机构，并取得了总体节能率达到 20% 以上的实际成绩。

欧洲

欧洲各国的 ESCO 和北美地区起步的时间差不多，也是从 20 世纪 90 年代前后逐步发展起来的，公司项目运作的核心内容也是同用户进行节能效益分享。但是，欧洲 ESCO 运作的项目有别于美国和加拿大，主要是帮助用户进行技术升级以及热电联产一类的项目改造，一般这些项目投资规模比较大，节能效益分享的时间比较长，项目的融资渠道呈多样化，项目实施的合同约定也比较复杂。欧洲 ESCO 同美国、加拿大相比类型不是很多，其产生和发展除了市场的因素外，更多的是依靠政府有关能源开发、环境保护政策为其营造了一个发展的环境，所以在欧洲，无论是政府还是公众的环境意识都很强，由环境保护驱使的节约能源的原动力也很强烈。

西班牙是欧盟国家中推行节能技术服务成效较好的国家。西班牙的ESCO主要实施热电联产和风力发电项目，而工业节能改造项目和商厦照明项目较少。其原因是工业部门的能源消耗总量有限，且经过长期的工业化过程，工业生产的技术水平相对较高，节能的潜力较小，因而实施节能技术服务的项目风险较大。西班牙节能服务公司选择的热电联产项目和风力发电项目，客户绝大多数为效益回报相对稳定的商业、医院、政府办公大楼等公共事业部门，有政府政策支持的保证，可以避免来自用户方面的市场风险。此外，西班牙的ESCO具有融资和投资的能力，可以向银行贷款，也可以直接投资项目，这种投资方式称为"第三方融资"。从具体操作上，ESCO可以针对拟投资的项目成立专门的合资公司，由合资公司具体落实项目的投资、运营、管理和维护。采用这种方式落实的项目既可以保证技术先进，也可以保证项目具有一定的经济效益和后续的技术支持，使原有的企业在不增加负担的情况下，减少了能源运行成本，合同结束后即可得到一套经过运行实际验证的能效水平较高的先进设备。同西班牙相比，意大利的节能技术服务产业发展相对迟缓且主要是由国家主导进行的。意大利国家电力公司（ENEL）和新技术能源环境委员会在推进节能政策和技术开发方面做了大量的工作，特别是ENEL已制定了全面履行京都议定书、减排温室气体的行动方案，这其中也包括了推动节能服务公司发展的政策措施。这些政策措施特别强调电力系统将打破国家垄断，引入类似西班牙私人电力投资的竞争模式，以开发有利于环境的热电联产和可再生能源项目。意大利政府还专门成立了意大利新技术能源环境委员会，作为推进节能工作、开发节能技术、制定节能政策的公共事业机构，下属十几个单位，分别负责全国主要企业的能源审计、改造方案的设计和组织实施等工作。意大利政府也有计划将这个机构再进一步改造成为类似大型 ESCO 的市场主体。同欧洲其他国家一样，法国也在为履行京都议定书而实施一系列的重大节能措施。法国环境能源控制署是 20 世纪 70 年代以来法国政府推进节能、控制环境污染的国家事业机构，但自 20 世纪 80 年代以来由于能源价格的下降和能源供应的逐步缓和，政府给予该机构的预算逐年下降。近年来，由于欧洲经济危机对能源的重大影响，使法国政府不得不重新面对加强能源管理的考验。尽管在财政危机的情况下，政府对该机构的年预算仍然做了大幅度增加，工作人员由 700 人增加到 900 人，以此来加强节能环保工作的力度，满足履行京都议定书的各项要求。目前，该机构用于节能和环保的资金主要通过来自国家环保局和工业部的政府拨款和企业环境治理收费解决。其中政府拨款主要用于节能环保项目，通过公开招标，由中标的私人公司承担项目实施；环境治理收费主要用于环境治理项目，其使用的比例是：71% 通过 ESCO 为工业企业实施节能项目，13% 用于节能环保项目的技术开发，13% 用于资助愿意承担垃圾填埋场地的地方政府，其余的 3% 用于治理已破产企业的环境问题。从上述资金的使用情况看，法国政府对 ESCO 不仅在政策上给予大力支持，而且在资金上给予大力帮助。ESCO 可直接通过对政府的节能项目投标来扩展自己的业务。根据法国政府的财政预算安排，今后还会对 ESCO 的业务发展给予更大的支持，以满足国家应对能源危机和保护环境的需要。

中国的节能服务产业

1992 年至 1994 年，在世界银行和全球环境基金的支持下，中国完成了《中国温室气体排放控制问题及战略研究》。该项研究的一个重要

结论是：中国有巨大的节能潜力，全社会存在着大量技术成熟、经济和
环境效益都很好的节能项目，但由于各种市场障碍，这些项目未能普遍
实施。为此，中国政府与世界银行多次探讨如何促进节能项目普遍实施
的问题。经过一系列的研究和讨论，中国政府与世界银行一致认为：中
国正经历从计划经济向市场经济过渡的深刻社会变迁，原有计划经济时
期的节能管理体制越来越不能适应新的形势，因此，节能工作的管理方
式也应该随之改变。总之，节能应该是两条腿走路，在建立和完善节能
法规、标准和激励政策的同时，有必要引进和推广一种基于市场机制的
节能投资及服务融为一体的新机制——合同能源管理。

关于中国的节能服务公司是何时出现的，各方说法不一，一说是在
1996年，一说是在1997年，也有说是在1998年的。其实这些说法都不
够准确。事实是世界银行和全球环境基金在当时的国家经贸委等部门支
持下完成了《中国温室气体排放控制问题及战略研究》之后，征得国
家经贸委和财政部等部门同意，从1994年末即开始在国内寻找引入以
合同能源管理为特征的节能技术服务试点。笔者当时在辽宁省经济贸易
委员会担任负责经济运行工作的副主任，刚好有机会全程参与了这个期
间的试点领导和实施组织工作，对这一过程有着亲身经历。

1995年初，世界银行和全球环境基金在当时的国家经贸委能源研
究所（现国家发改委能源研究所）配合下，开始在全国能源消耗重点
地区选择部分省、市、区做推广试点。当时有十多个省、市、自治区报
名申请试点。1995年2月，当时的世界银行和全球环境基金中国节能
减排项目负责人罗博特·泰勒在国家经贸委节能处处长李沈生、能源研
究所所长周大地和能源所王树茂、李俊峰、戴彦德等同志和专家陪同下
到辽宁省实地考察。笔者代表辽宁省政府和经贸委在新建成的沈阳桃仙
机场接机并负责全程陪同考察了老工业基地沈阳、鞍山、营口、大连和

丹东等地。一路上，罗博特·泰勒和考察组成员反复向笔者宣传节能和减排 CO_2 的关系，当时笔者对温室气体和气候变化的知识还一无所知，只知道节能的重要性，经过专家们的一路宣传才了解到节能减排的意义和合同能源管理的关系，加深了对问题的理解，也坚定了搞好试点的信心。在一周多的时间里，考察团深入工厂、电站、工地认真分析节能潜力，研究实施合同能源管理的可行性以及对于帮助用户节能、支持辽宁老工业基地振兴的重要意义。按照同样的方式，工作组也到国内其他省区进行了考察，经过反复比较，最终选定北京市、辽宁省和山东省做为试点地区，开展第一期示范工程。

经过国内外专家组的考察，并经世界银行和国家主管部门的反复研究，最终确定北京市和山东省分别由市、省政府出资 2 000 万元人民币组建国有节能技术服务公司；辽宁省采取由冶金、电力等几家国有大企业共同出资的方式组建了所有权属于国家的节能技术服务公司。这三家国有公司成为了国家节能减排和实施合同能源管理的一期试点企业。而当时的实际情况是，国内外专家组缺乏实际经验，国内企业和社会对节能减排这一新概念完全缺乏认知，致使美国和欧洲主要在公共建筑领域开展的节能服务不能直接移植。因此，世界银行和全球环境基金聘请来中国指导的专家，只能对什么是气候变化、什么是节能减排、什么是合同能源管理以及如何实施合同能源管理的有关知识和技术性内容进行培训和辅导，试点公司开展的节能技术服务业务，只能靠三家公司依据各自地区和企业发展的实际状况来自行摸索，自行推进，摸着石头过河。

如今，整整二十年过去了，当笔者一边回忆当年试点的场景，一边写着有关节能减排这本小书时，写作室外的天空却正弥漫着重重的雾霾，气象部门也已连续四天发出橙色预警，告诫人们尽量减少出行和户外活动。电视里，央视新闻正报道国家主席习近平同志到京城南锣鼓巷看望受雾霾困扰的群众，市政当局也在号召党员干部带头为减少雾霾做出贡献。不仅如此，除北京之外的广大华北地区、东北地区、华东地区也都在蒙受着雾霾之困，就连举世公认的美丽海滨城市大连也因遭受雾霾干扰而取消了多次航班，差不多大半个中国的医院中都挤满了求医问药的呼吸道患者。此情此景不禁让人感叹，二十年前就开始跟着世界银行和全球环境基金的专家们喊着"节能减排"的我们，是不是该问一问自己，时间都去哪了呢？

作为国家的老重工业基地，辽宁省不但是产能大省，也是耗能大省。从电力消耗看，当时辽宁省的电力消耗是同属东北地区的吉林和黑龙江两省的总和。因此，作为试点的辽宁节能服务公司的主要业务是应用国内已经成熟的节电技术以合同能源管理的方式开展节能服务。而山东节能服务公司是以节能设备租赁方式开展节能服务；北京则是以改造冬季取暖方式推进节能服务。

据有关部门统计，北京、辽宁、山东三家担负试点示范的节能服务公司从 1997 年至 2006 年 6 月底，累计为客户实施了 453 个节能服务项目，投资总额达到 12.62 亿元，项目平均内部收益率达到 30% 以上。通过实施这些项目，三家节能服务公司获得节能分享收益 4.2 亿元，客户的预期节能收益则是节能服务公司的 8～10 倍，总体形成节能能力为 137 万吨标准煤/年。

以三家节能服务公司为代表的一期试点示范项目获得了较好的效果，运用合同能源管理模式运作的节能技术改造项目很受用能企业欢迎，实施的 453 个节能技改项目在技术和改造效果上绝大部分取得了成功，无论是在节能方面还是在减排 CO_2 等温室气体方面都取得了明显成效，鉴于此，国家发改委与世界银行共同决定启动第二期试点示范项目。2003 年 11 月，二期项目正式启动。针对一期试点中，项目资金投入和回收困难的问题，在二期示范工程中，中国投资担保有限公司专门设立了世行项目部，为中小企业解决贷款担保。为协调各方利益，扩大示范影响，推动节能服务产业发展，在项目办基础上还建立了帮助节能服务公司成长的协会组织——节能服务产业委员会（EMCA），挂靠在中国节能协会推进工作。

二期示范项目与一期示范项目相比一个最大的进步就是，很多节能企业由单纯的制造节能设备提供用能企业使用，转变为以节能投资形式发展节能服务，在促进节能减排技术推广的同时，也加快了节能服务公司自身的成长，使合同能源管理模式在引入中国后逐渐适应了中国的能源环境，运营上逐步趋于完善和合理，节能服务产业规模逐渐扩大，许多用能企业对合同能源管理这种新型节能减排改造措施不仅逐渐熟悉也更加乐于接受。据相关部门统计，自 1995 年一期示范项目开始发展至2012 年底，全国从事节能服务业务的企业已达 4 175 家，从业人员突破了 40 万人。2012 年，中国节能服务产业创造的总产值 1 653.37 亿元，比上一年增长 32.24%；合同能源管理投资规模达 557.65 亿元，比上一年增长 35.21%。2012 年，全年实现节能量 1 828.36 万吨标准煤，相应减排二氧化碳排放 4 570.9 万吨。

为了支持以实施合同能源管理为特征的各类节能技术服务公司和节能服务产业的发展，2010 年 4 月 2 日国务院办公厅下发了《关于加快推行合同能源管理促进节能服务产业发展意见的通知》，财政部也出台了《关于印发合同能源管理财政奖励资金管理暂行办法》，从国家政策和财政资金层面上对节能服务产业给予了大力支持，有力地促进了节能服务产业的快速健康发展。

节能技术服务的类型

经过近 20 年的发展，中国的节能技术服务由三家各自独立的试点示范公司起步，已经发展成为初具规模的节能服务产业。结合中国节能减排的实际需要和市场化运作原则，中国节能技术服务大致可分为以下五种类型。

（1）节能效益分享型。

在项目期内用户和节能服务公司双方分享节能效益的合同类型。节能改造工程的投入按照节能服务公司与用户的约定共同承担或由节能服务公司单独承担。项目建设施工完成后，经双方共同确认节能量后，按合同约定比例分享节能效益。项目合同结束后，节能设备所有权无偿移交给用户，以后所产生的节能收益全归用户。节能效益分享型是目前中国节能技术服务产业中应用最多且规模最大的服务类型。

（2）能源费用托管型。

用户委托节能服务公司出资进行能源系统的节能改造和运行管理，并按照双方约定在合同期内将该能源系统的能源使用费用全部交节能服务公司管理，系统节约的能源费用也全部归节能服务公司。这种类型相当于对节能项目投资和该项目能源成本实行定期承包。项目合同结束后，节能公司投资改造的节能设备无偿移交给用户，以后所产生的节能收益全归用户，相当于承包期全面结束。

（3）节能量保证型。

节能项目改造投资全部由用户负责，节能服务公司向用户提供可靠的节能技术和服务，并承诺保证项目节能量的固定收益（可按照当时当地价格折算）。项目实施完成后，经双方确认达到承诺的节能量收益，用户一次性或分次向节能服务公司支付服务费，如达不到承诺的节能量收益，差额部分由节能服务公司承担赔付。

（4）融资租赁型。

这种类型由甲、乙、丙三方共同实现。融资公司（乙方）出资购买节能技术服务公司（丙方）的节能设备和服务，并租赁给用户（甲方）使用。根据协议融资公司（乙方）定期向用户（甲方）收取租赁费用。节能服务公司（丙方）负责对用户的能源系统进行改造，并在合同期内对节能量进行测量验证，担保节能效果。项目合同结束后，节能设备由融资公司（乙方）无偿移交给用户（甲方）使用，以后所产生的节能收益全归用户（甲方）。三方合作中的丙方只对自己的技术可靠性负责，并从出售技术的过程中获得销售利润。乙方从融资的角度已经承担了节能服务的角色，可以认为这是乙丙双方合作共同为甲方提供了合同能源管理服务。

（5）混合型。

根据项目的规模和复杂程度，由以上4种方式任意组合形成综合型的节能技术服务。这一类服务适合于大型集团化、连锁化的服务对象。

节能项目实施合同能源管理的益处

结合近20年来中国节能服务产业的发展状况和推广实施合同能源管理的成功经验，可以总结出在推进节能减排工程中实施合同能源管理有以下几方面益处：

（1）用能单位不需要承担节能项目实施的资金和技术风险，同时可以在项目实施后大幅度降低单位产品能耗和综合用能成本，提高企业在同行业中的竞争力，扩大市场占有率。

（2）合同到期后，可无偿获得由节能服务公司提供的先进设备和节能技术，提高装备水平，以及实施节能措施后带来的长期收益。

（3）由于接受节能服务公司的合同能源管理不需要用户投资或在用户可以承担的情况下只需要加入少量投资就可以实施节能改造，因此可以改善用能单位的现金流，支持用能单位把有限的资金投入到生产经营或其他更优先的投资领域。

（4）用能单位可借助节能服务公司的帮助，可以实现管理更科学、节能更专业、运行更经济、投资回收快、节能有保证、绿色加环保的多重效果。

（5）经过专业节能培训和专门技术传授，可以使企业的领导者、管理人员和实际操作人员获得节能减排相关的专业资讯、能源管理经验和设备使用技能，从而全面提升各类人员素质和企业综合管理水平。

（6）节能服务公司通过实施合同能源管理，可以依据合同约定替用户承担节能项目的投资风险，并能够在节能项目效益实现后，与服务方一起分享节能成果，取得双赢。

国内实施合同能源管理中存在的问题

在推广节能技术服务的过程中，依然存在着一些问题，主要其中体现在以下两个方面。

（1）示范工程中的问题。

尽管合同能源管理项目的实施在中国已有不少成功案例，并且拥有广阔的发展前景，但中国合同能源管理的发展，依然存在许多制约因素。

如前所述，由于工作需要，笔者在世界银行和全球环境基金开始在中国开展合同能源管理一期示范试点工作的时候，就担任了三家试点节能服务公司之一辽宁节能服务公司的首任董事长，亲身经历了从接受节能减排新理念到创办示范性节能服务公司和开展合同能源管理的全过程。按照笔者个人的观察和体会，我认为一期示范工程确实起到了示范引路的积极作用，这一点是应该肯定的，但是也存在着许多问题，暴露出国外的成功做法引入国内后的水土不服和国内市场发育的短板。个人认为，国内三家节能服务公司在当时的情况下，率先接受节能减排的新理念，运用国际上发达国家创建的合同能源管理新模式，结合北京、辽宁和山东三个省区的实际情况，创造性地开展示范试点，确实是完成了很艰巨的开拓性工作，功不可没。但是，一期示范工程中由于经验不足，统计工作不完善，实际操作合同能源管理过程中缺乏有效的计量检测手段和争议仲裁机制，使节能技术服务项目完成后的成果统计不准确，综合的节能减排实际效果的真实可靠性大打折扣。一期示范项目中的主要问题表现在：

第一，由于中国的经济长期闭门独行，与世界经济发展格局相脱节，所以当时节能减排的新理念并没有能够为企业和社会各界很快接受，尽管从国家层面上主张积极推广，但是地方政府和许多高耗能企业重视不够，责任不清，没有形成节能减排的自觉性。

第二，从本质上说，合同能源管理项目是节能服务公司利用节能新技术帮助高耗能企业进行节能改造，以求获得最佳的节能效果的有效方法和手段。因此，节能服务公司是否拥有先进可靠的节能技术，是否拥有节能技术的研发实力，是否能够拿出满足服务对象节能减排要求的合理解决方案并付诸实施，这才是决定合同能源管理项目能否成功的根本性因素。从一期的示范试点看，三家节能服务公司无论是从人员素质和管理水平看，显然都还暂不具体这方面的条件。

第三，节能服务公司实施合同能源管理项目，需要先替用户垫付资金，随着实施项目的增多，资金压力不断加大，如果没有融资支持，资金链极易断裂，届时公司的运作和发展就会难以为继。

第四，合同能源管理的实施，核心是履行合同，本质是恪守诚信。但从一期试点的情况看履行合同和恪守诚信两个方面都存在很大问题，这也是导致一期示范的三家节能技术服务公司在持续发展中后劲不足的客观原因。

（2）推广应用中的问题。

2003 年以后，国家实施第二期示范工程。在总结第一期经验教训基础上，第二期示范工程取得了快速发展，其成果和影响延续至今。据测算，目前我国每年节能服务方面的市场份额大约在 1 000 亿元人民币以上，市场空间十分巨大。中国的节能服务产业从一期示范工程开始起步，到现在差不多走过了二十年，已经初具规模，可是由于市场发育不够完善，资源配置一直过度依赖于政府，在节能技术服务和合同能源管理的发展中仍然存在着许多问题，这些问题主要表现在：

第一，市场诚信问题。这主要表现在两个方面，一是对于接受合同能源管理和节能技术服务的用能单位来说，由于不熟悉节能技术，缺乏管理经验、检测和计量手段，担心合同约定的节能成果是否真实可靠。服务方承诺的节能效益是否能够实现。二是对于实施节能技术服务的公司来说，担心服务对象的信用程度。因为采用合同能源管理模式进行节能技改的项目周期较长，利益分期回报，节能服务公司普遍担心在节能改造项目结束后，服务对象是否会因为有其他因素的变故影响分期节能收益。在社会诚信和商业诚信相对缺失、司法成本偏高、监督和仲裁体制不够完善的情况下，节能技术服务公司在实施合同能源管理的过程中承担着一定的商业风险，如果遭遇恶意毁约不履行承诺就会对节能技术服务公司尤其是小型的节能服务公司的正常经营造成困扰，甚至影响其正常运行。当然也有某些节能服务公司，缺乏社会责任，不守诚信，片面追求自身利益，以虚假宣传和不正当手段做项目，直接损害用能单位利益，败坏行风。

第二，由于计量检测手段不健全或者缺乏具有公信力和权威性的第三方机构，争议双方得不到节能量审核机构的权威裁定，使发生争议的合同能源管理双方产生的分歧无法解决，直接影响合同能源管理的有效性。产生分歧和争议的原因是多方面的，从节能服务产业的情况看，由于尚无成熟的行业规范和服务标准是一个重要方面。

第三，融资渠道不顺畅。一般情况下，实施合同能源管理项目时，主要是由提供节能服务一方投资项目，获得节能收益后参与分享。但是由于我国大多数节能服务公司还处于发展阶段，规模普遍较小，注册资本不大，可支配财力有限，加之财务制度不规范，银行资信等级低，申请贷款及担保程序繁琐等，使得节能服务公司资金紧张成为普遍现象。由于资金困难，使许多好的节能项目无法实施，用能单位有支持以合同能源管理的方式解决自身节能管理需要的愿望也无法实现。

第四，从服业性质来说，节能技术服务本来是很专业的第三方社会服务，可是由于有政府鼓励和政策支持，有些具有垄断性质的大企业或企业集团，纷纷自办节能公司，主张"肥水不流外人田"。这样一来，由于是用能单位尤其是用能大户自己服务自己，就会产生不利于合同能源管理的市场化运作，甚至妨碍节能服务产业发展的体制机制性障碍。

第五，政府财政支持的局限性。从 2007 年 8 月起，中央财政开始对十大重点实行节能技术改造工程，即"以奖代补"政策，每节约一吨标准煤中央财政将给予企业 200 元到 250 元的奖励。以后又连续出台一系列支持政策鼓励企业积极实施节能减排。为了配合"合同能源管理财政奖励"政策，规范节能服务市场，国家发改委于 2011 年又推出了节能服务公司"备案制"。按照这项制度规定，只有获得备案的节能服务公司才有资格向国家申请合同能源管理财政奖励。这也意味着，进入备案名单的企业将成为国家节能补贴政策的重点倾斜对象。经过备案的企业，其实施的合同能源管理项目可申请国家补贴，并享受减免营业税、所得税的优惠政策，使取得备案资质的企业相对于未备案企业具有明显的政策优势。2013 年，国家发改委已经通过了五批备案企业名单，进入备案行列的节能服务公司已达 3 210 家，未进入备案名单的公司还有近 1 000 家。而前不久，有关部门已经决定取消备案制。笔者认为这一决定对节能服务企业的发展应该是个利好。

国家财政直接以资金奖励的方式扶持节能服务公司的发展，对于推进节能减排事业的发展起到了重要作用。但是这种鼓励政策也有相当的局限性，如少数企业为了获取国家奖励资金，拉关系、走后门，甚至弄虚作假，骗取国家资金。2012 年国家发改委就取消了 15 家备案节能服务公司的备案资格，并收回了财政奖励资金。2013 年被取消的节能服务公司是 17 家。而在国外发达国家，早在 1992 年，美国两院议会就通过议案要求政府机构与节能服务公司合作，以合同能源管理模式实施政府楼宇的节能改造，从而达到既不需要增加政府预算，又取得政府机构带头节能的效果。在这个法案中，允许政府机构在不增加能源费用的前提下，把合同能源管理项目所节约的能源费用与节能服务公司分享；同年加拿大政府也通过实施"联邦政府建筑物节能促进计划"，以合同能源管理模式推动政府机构的节能。这样做的结果是既节省了政府财政开支，又扶持了节能服务产业发展，而且在全社会树立了节约型政府的形象，这些成功经验值得借鉴。

第六章 终端能源消费和终端能效管理

终端产品的概念

对于"终端产品"这种提法今天的人们已经不再陌生，但是遗憾的是究竟什么是终端产品，或者说终端产品的概念是什么，至今还没有明确的定义。

要理解终端产品的概念，先要了解终端的概念。按照《现代汉语词典（第六版）》的定义，终端是：（1）（狭长东西的）头。（2）终端设备的简称。

而终端设备最初的提出和现在的应用主要与计算机和 IT 产业的发展有关。在电子计算机发展的早期阶段，当时还没有现在普遍应用的 PC，所使用的都是大型、中型或小型机，运行方式是集中式运算。计算机用户用一个设备需要通过串口与主机相连，这个设备就是终端，英文叫做 terminal。所以最初的终端一词是指计算机的一种字符型外部设备，它有多种类型，如串行端口终端、伪终端、控制终端、控制台终端等。这些终端设备与集中式主机系统相连构成一个系统，该系统从用户接收键盘实现输入，并将这些输入发送给主机系统。主机系统处理这个用户的键盘输入和命令，然后输出返回并显示在终端屏幕上，类似这样的计算机终端也称哑终端，它是计算技术发展的主机时代的产物。计算机发展的第二个时代是微型机出现的时代，无论是台式机也好，笔记本也好，自从 PC 机开始使用就出现了图形终端，这是计算技术的 PC 时代。随着网络技术和移动通信技术的发展和融合，现在的计算技术又进入了网络终端时代，这是计算技术发展的第三阶段。

在信息化时代，网络改变了一切，不但各种技术、各种产业间相互构建了从前没有的联系，甚至文化与技术、文化与经济、文化与市场之间也开始出现融合。这种融合的一个突出表现就是在语言方面出现了名词宽泛化、关联化、形象化和网络化。随着这种大趋势的推进，终端这一名词逐渐被营销界引用并迅速推广，甚至被运用到与营销相关的各个领域。在市场营销中的终端是特指与消费者直接接触的终端店铺。原来的生产企业并不注意这一点，只要有人购买产品就行；大综批发环节也不重视，只要有人分销就行。然而，随着信息化的发展，许多厂商认识到，原来与消费者直接接触的终端店铺是反馈信息的重要结点，是市场化营销渠道的有机组成部分，无论是制造厂还是批发商只有通过终端店铺，才能最终实现商品的价值化。因此，在现代营销学中销售终端的地位被越来越重视，可以说控制终端就是控制市场。从营销学上讲，终端就是指将产品销售给最终用户的卖场或商家，是流通环节的最后一环即产品的投放地，是直接面向消费者的最终零售经营场所。这一点，人们可以从沃尔玛、家乐福、苏宁、国美等成功企业清楚地看到，企业生产出产品之后，产品就像流水一样在流动，代理商——一级批发商——二级批发商——一级零售商——二级零售商——消费者，只有把产品直接卖给消费者的零售经营场所，才是销售的终端。

近年来，随着互联网、物联网和电子商务的发展，产品最终到达消费者手中的渠道又有了极大的改变，人们甚至根本看不到传统意义上零售经营场所，直接面对消费者本人的往往变成了大大小小的物流公司，由此上溯到电商，再往上是生产商。整个营销模式变成了消费者——物流公司——电商——生产厂，中间省却了很多环节，这不但大大减少了库存甚至根本无需库存，变成了按需生产，从而大大节约了成本，降低了商品价格，刺激了消费。从中我们可以惊奇地看到，传统营销学中的终端概念已经改变，原来的或许已经不再出现，不仅实体店的规模和销售业绩会缩减，零售经营场所的终端意义在很大程度上已经被消费者直接取代。在这场电商与实体店之间的激烈竞争中，无论是此消彼涨还是彼消此涨，胜者一定会争取到更多的消费者。因为在电子商务飞速发展的今天，消费者已最终成为产品的销售终端。

终端能源消费的概念

所谓终端能源消费指的是终端用能设备入口得到的能源。由终端用能设备消费的能源，我们可以上溯到能源的输送和分配环节，再向上是加工和转换、购入与存储以及能源生产环节等，能源生产环节是这一模式的初始状态。

从能源构成及消费的过程看，煤炭从矿山开采出来以后，需要洗、选、加工、运输和储存，这些环节会造成一定量的损失。同样，用煤造气、炼焦、发电或做为工业锅炉的燃料，都会造成损失；石油和天然气开采出来以后，会有运输损失、炼油和加工损失，以及制造化工产品生产过程的损失；电力生产中，无论是火电、水电、核电，电力发出后会有电网输送的无功损失、变电配电的无功损失、用电设备不匹配大马拉小车的损失等。因此，在终端用能设备入口得到的能源已经是大打折扣的能源。终端能源消费量应该等于一次能源消费量减去能源加工、转化和储运这三个中间环节的损失和能源工业自身生产过程中所使用能源后的能源量。

建立终端能源消费的概念和公开透明的核算方法十分必要，可以清晰核算国家的综合能源利用效率，检查出能源从产出到终端消费过程中，是否经济、合理，有利于堵塞漏洞避免浪费，这是节能减排的重要一环。

中国终端能效项目

2005 年 6 月，由国家发改委、联合国开发计划署、全球环境基金共同发起的中国终端能效项目（EUEEP）正式启动。在中国政府制定的《能源中长期发展规划纲要（2004—2020）》中，提高能源效率是一项十分重要的战略性任务。国家的总体规划是希望通过提高能源效率和推进实施节能措施的努力，将 2001—2020 年能源消费弹性系数基本维持在 0.5 左右的水平。这里所说的能源消费弹性系数是反映能源消费增长速度与国民经济增长速度之间比例关系的一项重要指标，通常用两者年平均增长率间的比值表示。能源消费弹性系数的发展变化与国民经济结构、技术装备、生产工艺、能源利用效率、管理水平乃至人民生活等因素密切相关。在国民经济中耗能高的部门（如重工业）比重大，科学技术水平还很低的情况下，能源消费增长速度总是比国民生产总值的增长速度快，即能源消费弹性系数大于 1。随着科学技术的进步，能源利用效率的提高，国民经济结构的变化和高耗能产业的调整及节能措施的实施，总体能源消耗水平会相对降低，能源消费弹性系数会普遍下降。国家发改委、联合国开发计划署、全球环境基金共同发起的中国终端能效项目，目的就是推动社会各界参与节能减排，通过开展有效的节能领域的国际合作，为《能源中长期发展规划》的实施做出贡献。

中国终端能效项目是一个长达 12 年的规划性项目，分 4 期执行。项目的第 1 期为 3 年，主要是帮助中国克服在主要耗能部门（工业和建筑）推动节能实践和提高能源利用效率的障碍；项目的第 2 期到第 4 期主要是第 1 期成果的推广、应用和扩展。到 2020 年，预计中国 GDP 与 2000 年相比将会增长 4 倍，而寄希望于能源消费增长仅为 2 倍，这就要求大幅度提高能源效率。这就需要中国的工业和建筑（主要能耗）部门的能源利用效率水平大幅度提高才能实现。项目要实现的最终目的具体体现在：

（1）建立较为完善的、与实施《中华人民共和国节约能源法》（以下简称《节能法》）相适应的节能标准和法规体系、相关的行业配套法规，以及配套的地方法规和标准体系。

（2）促进节能市场的形成和发育，节能市场机制得到加强。为节能设备制造商、供应商、节能服务公司、节能投资公司以及相关银行等提供公平的运作平台。

（3）提高中国节能管理体系的能力，包括节能政策制定者的决策能力；节能中心和协会的执行能力以及企业决策节能投入的能力；促使合理用能标准化和节能设计规范化。

（4）项目实施后将提高主要能耗部门的用能效率，并产生良好的环境效益。在项目第一阶段的三年中，将降低能源消费量约 1 900 万吨标准煤，累计减少碳排放约 1 200 万 t（相当于 4 200 万 t 以上的二氧化碳）；在 12 年的项目计划实施后，累计减少碳排放 7 600 万 t（相当于 27 900 万 t 二氧化碳）。

在项目的具体实施中要在主要工业和建筑领域开展一系列推动节能的活动，包括在工业部门引入节能自愿协议的概念，并在钢铁、水泥、化工等行业开展试点；开发并实施工艺节能标准/规范，第一阶段将在水泥和化工行业中进行；扩展并改善高效电机系统的运行状况；深入开展工业、居民/商业建筑用能设备标准、节能认证和标识活动；实施大型高耗能企业能源信息管理系统的能力建设等。在建筑领域开展建筑物能源消费统计试点；制定和完善建筑能效标准，提高执行建筑能效标准的比例；研究高能效或绿色建筑的激励机制；加强新型节能建筑材料的研发；开展一系列活动，提高全面开发和实施建筑能源标准的能力，推动新技术或节能建筑的实践，激励更先进的建筑节能技术和产品的引进、研发和推广。

除在上述两个主要领域开展相关活动之外，还要努力加强各级节能中心的能力建设，提高节能中心的技术和管理能力，特别是在能源审计和培训技能等方面的能力。

中国的能效标识制度

能效标识又称能源效率标识，它是附在耗能产品或其最小包装物上，表示产品能源效率等级性能指标的一种信息标签，目的是为消费者的购买决策提供必要的信息，以引导和帮助消费者选择高能效的节能产品。

能效标识的应用领域在终端用能产品。所谓终端用能产品是指以消耗某种能源为动力并为消费者直接提供使用价值的产品。广义上说，这里所说的消费者不单指个人消费者，也包括家庭和单位的团体消费者，如柜式空调机、中央空调机、打印机、复印机等。所说的以消耗某种能源为动力，不单指消耗电力，也包括成品油等，如家用汽车，摩托车、电动自行车等，也有人主张把工业电动机、水泵等列入其中。但是笔者认为，由于工业生产中的能源消耗过程十分复杂，能源消耗水平常常反映的是生产过程中的综合能耗或者某一产品的单位能耗，不能以某一两种设备的耗能水平见高低，所以推广的难度会大一些。狭义上说，主要是指供消费者直接使用的家用电器、个人电脑等。笔者主张在这方面多下功夫即可以促进产品提高改善能效的技术水平，也可以达到保护消费者利益的目的，应该积极提倡。

2004 年 8 月，国家发改委和国家质检总局联合制定并发布《能源效率标识管理办法》，正式启动了中国的能源效率标识制度。能源效率标识采取生产者或进口商自我声明、备案、政府有关部门加强监督管理的模式实施。自 2005 年 3 月 1 日起，能源效率标识制度率先从冰箱和空调器这两种产品上开始实施。能效标识为蓝白背景，顶部标有"中国能效标识"（CHINA ENERGY LABEL）字样，背部有粘性，要求粘贴在产品的正面面板上。标识的结构可分为背景信息栏、能源效率等级展示栏和产品相关指标展示栏，如图 6-1 所示。

图 6-1 中国能效标识

作为一种信息标识，能效标识直观地表明了用能产品的能源效率等级、能源消耗指标以及其他比较重要的性能指标。在这些指标中能源效率等级是判断产品是否节能的最重要指标，产品的能源效率等级越低，表示能源效率越高，节能效果越好，越省电。按照现行标准，中国的能效标识将能效分为 5 个等级：

（1）等级 1 表示产品达到国际先进水平，最节电，即耗能最低；

（2）等级 2 表示比较节电；

（3）等级 3 表示产品的能源效率为我国市场的平均水平；

（4）等级 4 表示产品能源效率低于市场平均水平；

（5）等级 5 是市场准入指标，低于该等级要求的产品不允许生产和销售。

为了在各类消费者群体中普及节能增效意识，能效等级展示栏用 3 种表现形式来直观表达能源效率等级信息：

（1）文字部分"耗能低、中等、耗能高"；

（2）数字部分"1，2，3，4，5"；

（3）根据色彩所代表的情感安排等级指示色标，红色代表禁止，橙色代表警告，绿色代表环保与节能。

根据《能源效率标识管理办法》的规定，对未按规定标注能源效率标识，未备案能源效率标识，使用的能源效率标识样式和规格不符合规定要求，以及伪造、冒用、隐匿能源效率标识等行为将追究相应的责任并给予处罚。处罚措施包括责令限期改正，通报曝光和罚款。

节能产品惠民工程

所谓"节能产品惠民工程"是国家发改委、工信部、财政部联合制定的通过财政补贴方式推进节能减排实施的一项战略举措。所谓的"节能产品"指能效等级 1 级或 2 级以上的空调、冰箱、平板电视、洗衣机、电机等 10 大类高效节能产品，包括已经实施的高效照明产品、节能与新能源汽车。所谓的"惠民"就是通过财政补贴方式来推广应用这些产品，补贴对象是高效节能产品的购买者。财政补助标准依据高效节能产品与普通产品价差的一定比例确定。实施范围包括能效等级 1 级或 2 级以上的十大类高效节能产品，还包括已经实施的高效照明产品、节能与新能源汽车。准备纳入补贴范围的还包括高效节能台式计算机、风机、变压器等 6 类节能产品。

　　以空调为例，对能效等级 2 级的空调给予 300～650 元/台（套）的补助，能效等级为 1 级的给予 500～850 元/台（套）的补助。自 2007 年以来，国家已经累计安排中央财政资金超过 400 亿元，先后对 20 多项产品实施直接补助，发挥了"稳增长、扩消费、促节能、惠民生"的重要作用。

　　2010 年 8 月 21 日，根据《财政部　国家发展改革委关于开展"节能产品惠民工程"的通知》（财建〔2009〕213 号）和《财政部　国家发展改革委　工业和信息化部关于印发"节能产品惠民工程"节能汽车（1.6 升及以下乘用车）推广实施细则的通知》（财建〔2010〕219 号）的要求，国家发改委、工信部、财政部组织对地方上报的节能汽车推广申请报告及相关材料进行了审核，公布了"节能产品惠民工程"节能汽车推广第二批目录。2012 年 6 月，又出台了热水器等五大类节能家电产品推广实施细则。电热水器因耗电较多，在这次补贴中"出局"，而燃气热水器则成了补贴中能效门槛最高的一个。

　　2012 年 9 月 9 日，财政部同意，将高效节能台式计算机、风机、水泵、压缩机、变压器等 6 类节能产品纳入财政补贴推广范围。这是继 2012 年 6 月我国启动实施高效节能平板电视等 5 类节能家电推广财政补贴政策后，在节能惠工程实施中的又一重大进展。新出台的 6 类节能产品推广政策执行期暂定为一年，力争将高效节能产品市场份额提高到 40% 以上。为此中央财政将增加补贴 140 亿元，预计拉动消费 1 556 亿元，实现年节电约 313 亿 kW·h，以更好地实现引导和扩大居民消费与深入推进节能减排的实际作用。使"节能产品惠民工程"真正打造成为"扩消费、调结构、转方式、促节能、惠民生"的重要政策平台，成为国家经济"稳增长"的重要抓手。

惠民工程的利与弊

节能产品惠民工程经过多年的实施，取得的成效是不容忽视的。主要表现在以下四个方面。

（1）有效拉动需求，特别是拉动节能产品的消费需求。实施节能产品补贴销售将进一步挖掘消费潜力，充分发挥财政政策促进扩大消费的作用，并在全社会引导形成节约能源资源和保护生态环境的消费模式。据市场调查分析，采取财政补贴政策推广高效节能产品后，每年可拉动需求 4 000 亿 ~ 5 000 亿元。到 2012 年，使用高效节能产品的市场份额已经在原来的基础上提高了 10 ~ 20 个百分点，达到 30% 以上，初步改变了高效节能产品喊得响买得差，叫好不叫座的状况。

（2）促进节约能源，减少二氧化碳排放。使用高效节能产品在整个寿命周期内将有效减少能源消耗与 CO_2 等温室气体排放。据专家测算，实施"节能产品惠民工程"每年可实现节电 750 亿 $kW \cdot h$，相当于少建 15 个百万千瓦级的燃煤电厂，可减排二氧化碳 7 500 万 t。而这些还是相对保守的推算。例如，这几年推广销售的高效节能空调就达 5 000 多万台，仅此一项累计即可实现节电量约达 583 亿 $kW \cdot h$。

（3）推动技术进步，加快产业结构调整。实施节能产品补贴政策，将有效扩大节能产品的市场份额，带动企业加快技术改造与产业升级，生产出更多适销对路的节能环保产品。随着高效节能产品推广规模的扩大和准入门槛的提高，将引导和促使企业加快节能技术改造，推动技术进步。例如，随着高能效定速空调惠民补贴的取消，将使其享受补贴时的价格优势进一步削弱，与变频空调之间的价差相对减小，这无疑会进一步刺激变频节能技术的推广使用，从而影响企业的产品布局。

（4）稳定扩大就业，更好地惠及民生。"节能产品惠民工程"的实施使消费者不仅在购买节能产品时享受财政补贴，而且在产品使用过程中还可以节省电费支出，得到更多实惠，同时也自觉地做到了减排，保护了环境。另外，家电行业属于劳动密集型产业，产业链长，扩大高效节能产品消费、促进企业投资以及建立完善的营销、物流、售后服务等内销网络，可以相应带动就业的增加。

"节能产品惠民工程"是阶段性的政策，完成了预期目标就会终止或者改为其他方式进行。例如，2013 年 5 月，国家决定不再对高能效定速空调实行惠民财政补贴政策。这是因为补贴政策对于促进这一类产品的升级换代已经取得明显的实际效果，高能效定速空调器的市场占有率已经从推广前的 5% 上升到 80%。由于节能惠民补贴政策的推动，新的能效标准得以顺利实施，原来的 3 级、4 级、5 级低能效空调已全部停止生产，行业整体能效水平提高 24%，达到世界先进水平。另一方面，受政策调控影响，高能效定速空调的市场价格大幅降低，从推广前每台 3 000 ~ 4 000 元下降到 2 000 元左右，部分型号的 1 级能效节能空调市场售价最低降至 1 000 元，累计为老百姓节约购买费用 300 亿元，有力地拉动了内需，充分体现出了惠民工程的惠民效果。

当然，"节能产品惠民工程"在实施中也暴露出一些问题。这些问题有的是媒体发现的，有的是审计部门发现的；有的是发生在制造企业，有的是发生在流通环节。问题主要和诚信及商业道德有关，也有对政策实施的程序、导向的偏离度和透明度以及政府的公信力提出质疑。

（1）操作环节繁缛导致企业热情退却。有许多家电企业的负责人和管理者向媒体记者吐槽，节能惠民工程在执行中操作环节太过繁缛不便。比如规定卖给消费者的节能产品的条形码和最终统计到工信部的条形码必须一致，企业最终才能申领补贴款。有的要求消费者除了要提供身份证复印件，还要写承诺书和凭借发票等一堆资料来证明自己买了节能产品。一些大企业在信息管理系统上虽然定了一定的规矩，有电脑联网，但最多只能做到三分之一的信息是准确的，中小企业就更难做到。再比如，规定年推广节能冰箱不少于 10 万台的企业才有资格申请补贴，有些中小企业明明知道自己达不到 10 万台节能产品销售量，还要想办法入围，就要做假，或者入了围也不实际实施，使政策的落实打了折扣。

（2）补贴款发放不透明，引各方质疑。节能惠民政策实行多年，关于补贴款项发放的告示和数据不够透明。有人分析，从相关数据上看，企业自身节能产品出货量数据，与发改委信息系统内上报需要领取补贴的节能产品数据，以及通过核查能够领取到补贴款的产品数量，三者之间的数据严重不对称。许多社会人士呼吁节能惠民政策执行结果应及时对社会公布。

（3）出现大量造假骗补行为，引发争议。国家审计署在 2013 年年中发布《2013 年第 25 号公告》，公布了汽车业违规使用节能汽车补贴资金及整改情况，有四家企业申报不符合条件车辆、违规获得中央财政节能汽车推广补助资金 1 900 多万元。上海大众、上海通用、上海通用东岳和江淮汽车等厂家"榜上有名"。四家企业申报不符合条件车辆及骗补资金，上海大众 5 570 辆、1 671 万元，上海通用 182 辆、54.6 万元，江淮汽车 55 辆、158.1 万元，上海通用东岳汽车以虚报节能汽车推广量，套取 16.5 万元。审计公告一出，业界哗然。根据国家审计署公告，上海大众和上海通用在审计前曾以自查报告形式，分别向国家发改委报告了其中 5 352 辆和 120 辆汽车的真实情况，审计署指出问题后，上海市财政局已经收回上述两家企业违规获得的中央财政节能汽车推广补助资金。

除汽车企业外，国家审计署还发现有 8 家家电企业"做假账"，骗取国家节能补贴，其中不乏家电行业中的知名企业。

审计署刮起的专门针对企业骗补的审计风暴，从审查范围看包括空调、平板电视、电脑、洗衣机、热水器等家电产品的节能补贴，节能汽车的推广、高效照明产品的推广、新能源汽车的示范推广等。另外，太阳能光伏行业中的金太阳示范工程、太阳能光电建筑应用示范补贴装机量、可再生能源建筑应用补贴面积等也在审计范围中。除家电行业外，还有 7 家企业涉事骗取金太阳示范工程的补贴资金，最低的涉案金额300 万元，最高的 3 851 万元，有 5 家骗取的金额超过了 2 000 万元。审计署在官网发布公告称，有 102 个项目单位编造虚假申报材料，套取、骗取"三款科目"资金高达 5.56 亿元；有 29 个项目单位挤占、挪用"三款科目"资金 2.26 亿元。所谓"三款科目"是能源节约利用、可再生能源和资源综合利用节能环保类这三个款级科目资金简称，主要政策目标是推动工业、建筑等领域节能降耗，实施节能产品惠民工程，支持可再生能源发展，提高废旧废弃资源综合利用水平。针对这些经费被用于生产经营和业务经费等支出，没有被用于补助项目上的现象，国务院总理李克强在审计署考察时强调指出，要通过加强审计毫不留情地揭露滥用权力、以权谋私等行为，要以审计"倒逼"各项制度的完善，释放改革红利，推动建立不敢贪不能贪的机制。

（4）政府补贴引发的教训。一是有些企业养成"靠政策吃饭"的坏习惯，表现突出的是家电行业。2008 年，受金融危机影响，中国家电业规模增速从之前的 14% ~15% 骤降至 4.5%。为扩大内需保持经济平稳，同时帮助家电行业度过难关，国家先是于 2009 年 2 月在全国推广家电下乡政策，对多个品类的家电给予销售价格 13% 的财政补贴；同年 5 月，国家又出台了以旧换新政策，进一步拉动国内需求。在这两个重量级推手的推动下，家电销售量一日千里，市场呈现出极热状态。

资料显示，2010年家电业规模增长近30%，美的、格力等一线家电品牌营收和净利润增长均在40%以上，而在补贴中收益极大的二三线家电品牌，如志高控股，仅2010年上半年所获政府节能补贴就高达5.9亿元，该公司上半年的净利润却只有2.78亿元。二是政策红利带来"补贴依赖症"。补贴政策帮助家电行业度过了经济危机，创下靓丽的销售数据，但也为家电行业的长远发展埋下隐患。在政策退出后，人们发现市场衰退十分明显，家电市场从极热迅速转入极冷，销售业绩直线下滑。2011年年底，家电下乡和以旧换新相继结束，在新的补贴政策出台前的"真空期"，国内家电市场非常低迷，多数大型零售企业没有完成销售任务，2012年销售总量较2011年下滑近20%。有补贴则兴，无补贴则衰，家电行业"补贴依赖症"症状明显。三是补贴政策造成了市场透支。有观点指出，补贴政策在很大程度上对家电市场造成了透支。这种观点的理由是，家电产品属于耐用消费品，消费周期通常在5~8年，而在政策的刺激下家电消费一时成井喷态势，打乱了行业固有的消费周期，使得消费收缩后供求失控的风险大大增加，家电企业将面临巨大的高库存压力。通过这些教训分析，许多有远见的企业家也指出"家电补贴政策不宜长期实施"，企业的生存和行业的发展最终还是应该通过市场对资源的决定性配置来实现，这样才能倒逼企业根据市场需求的变化转型升级。

能效领跑者标准制度

在国务院公布的《"十二五"节能减排综合性工作方案》中，推广节能家电成为节能减排的一项重要工作。工作方案明确提出要"建立领跑者标准制度"。方案要求要"研究确定高耗能产品和终端用能产品的能效先进水平，制定领跑者能效标准，明确实施时限。将领跑者能效标准与新上项目能效审查、节能产品推广应用相结合，推动企业技术进步，加快标准的更新换代，促进能效水平快速提升"。

所谓能效"领跑者"制度起源于日本，是日本企业、相关行业协会和政府在引进和吸收外国先进技术方法的基础上成功倡导和组织实施的。建立这项制度的目的是旨在通过鼓励先进，鞭策落后的方式促进企业节能技术进步。具体来说，能效领跑者制度主要是针对被广泛使用、能耗相当大的设备和能效有望改善的行业，如电冰箱、空调器，汽车等行业。将市场销售的产品中先进的能效指标设定为该产品的领跑者能效目标，进而敦促该行业内的各个企业为实现这一目标而努力。早在1999年，日本就在电气产品和汽车节能方面导入了"领跑者制度"。当时日本的做法是按照市场上销售的同类产品当中效率最高的产品性能设定为该类产品5年后的能效目标，敦促企业为实现这一目标而自觉努力。到了2009年，日本已有23种设备制定并成功实施了领跑者标准。"能效领跑者制度"的特点是只明确目标而不干预具体达成过程，从而最大限度地引发企业创新。到了目标限定的时间，不能达标的设备就要被淘汰，从而实现产品和产业升级。

2011年，国务院印发的《"十二五"节能减排综合性工作方案》中提出，要在我国建立领跑者的标准制度，研究确定高耗能产品和终端用能产品的能效先进水平，制定领跑者能效标准。同年11月26日，由国家发改委、商务部与日本经济产业省、日中经济协会联合主办的"第六届中日节能环保综合论坛"在北京人民大会堂隆重举行。时任国务院副总理李克强、国家发改委主任张平、财政部部长谢旭人、环境保护部副部长张力军、商务部部长助理李金早等中方政府领导人，日本经济产业省大臣枝野幸男等政府官员，以及中日双方的专家学者、企业代表共上千人参加了开幕式。李克强同志发表题为"深化节能环保合作，共促转型创新发展"的讲话，提出了加强政策对话、落实重点项目、分享技术成果的三点建议。中日双方政府领导人随后发言，指出加强中日节能环保领域合作意义重大、影响深远。日本经济产业大臣枝野幸男在此次论坛上重点介绍了这一具体做法。这次会议的前一天，中日两国代表就能效领跑者制度、循环经济等7个议题展开了讨论。中国标准化研究院资源与环境分院的领导和专家与从东京赶来的日本能源经济研究所的领导和专家一道展开讨论，并成功主办了"能效领跑者制度"论坛。11月26日下午，"第六届中日节能环保综合论坛"在北京人民大会堂金色大厅举行签约及文本交换仪式，笔者代表中国标准化研究院与日本负责能源政策及相关经济政策研究的权威机构——能源经济研究所的负责人第一个签署了双边合作研究协议，见图6-2。双方将就"领跑者"制度、节能标准标识及其他双方达成共识的领域，加强学术交流、拓展合作领域、加大合作研究力度，进一步提高双方在节能技术和政策方面的研究能力，提高中日两国节能减排标准化和相关政策的研究水平。时

图6-2 中日节能环保综合论坛合作项目签约仪式

任国家发改委主任张平同志在发言中代表中国政府明确表示：中国将研究建立能效领跑者制度。

2012 年 5 月 16 日，国务院常务会议确定了进一步促进节能家电消费的政策措施，提出实施能效领跑制度，公告能效领跑者产品型号目录，对达到领跑者能效指标的超高效能产品给予效高补贴，并决定适时将领跑者能效指标纳入能效标准中。这一措施将有助于促进我国家电行业更加健康、有序发展。以往国家实行的财政补贴政策在取得推进节能减排发展的同时，也扶持了一些技术并不领先的中小企业，使得受益的行业并没有得到完全市场化的发展。能效领跑者新政策实施后，受到国家政策鼓励的企业仅仅局限在技术水平特别是能效水平处于金字塔顶尖上的企业，这些龙头企业不仅更具竞争力，也更具示范作用，通过他们的领跑，可以更加有利于促进全行业健康发展。

产品生态设计与生命周期评价

智慧能源产业具有相当广阔的内涵和足够大的包容性，只要是有利于节能低碳，有利于提高能源使用效率，提高资源有效利用率的各种相关技术和管理手段，通过现代信息和通信技术的整合，使其在互联网层面上互联互通，实现信息资源共享就都可以与智慧能源实现兼容。根据这样的理解，产品生态设计与生命周期评价显然与智慧能源产业具有内在的兼容性。

产品生态设计的理念最初出现在 20 世纪 60 年代，美国设计理论家 Victor Papanek 提出，设计应该认真考虑有限的地球资源的使用，为保护地球环境资源服务。他的这些主张反映在他的著作《为真实的世界而设计》中，只是这些理念的提出在当时并没有引起人们足够的关注。后来，随着地球环境的日益恶化和地球资源的大量且无价值地消耗，人们才逐渐认识到问题的严重性，开始对他所说的为真实的世界而设计也就是生态设计的理念重视起来。

所谓生态设计，就是要求将环境因素纳入产品设计之中，在设计阶段就考虑该产品在全生命周期过程中对环境的影响，从而通过确定设计方向，改进设计要求，把产品对环境的影响降低到最低程度。这里涉及的另一个重要概念就是产品的全生命周期，它包括原材料选用过程、生产制造过程、销售运输过程、使用消费过程、报废回收过程和无害化处理过程等六个环节。从产品的全生命周期出发，追求最大限度地减少能源与资源的消耗及其对环境的影响，从而系统、全面、科学、合理地对产品进行的设计，就是产品的生态设计。

生态设计的原材料选择

按照产品的全生命周期考虑选择制造该产品的原材料是产品生态设计的第一环节。在这个环节中，生态设计要求坚持以下原则：

（1）无毒无害原则：避免使用有毒有害的材料和添加物。最大限度地考虑替代材料的使用。如无法替代时，要考虑毒性物质的稳定性并采取一切必要措施使其不易释放。

（2）避免使用不可再生的原材料，如化石能源、稀缺资源等。在避免或减少使用化石能源方面，生态设计和节能减排、低碳发展的路径相一致。

（3）尽量使用品种相同和可再循环的原材料，以减少原材料在采掘和生产过程中消耗的能源资源。

（4）推行减量化，尽可能地减少原材料的使用量，既有利于减小产品的体积，减轻产品自身重量，方便运输和存储，也可在最大限度上节约能源资源。

（5）采用低耗能原料。原料的采掘和生产工艺过程越复杂，所消耗的能源就越多，这样的原料被称为高耗能原料，生态设计的原则要求刚好相反，以利于节能低碳，保护环境。

生态设计的标准化特点

标准化的原理是优化、简化、统一和可重复使用。生态设计的理念恰恰可以充分体现这些特点。

（1）分析、整合产品功能，将几种功能或产品组合到一种产品中，这样不但可以大大节约原材料和应用空间，也会更加便利消费者。近年来大规模高速度发展的智能手机、平板电脑和名式名样的多功能一体机就是这方面的成功范例。

（2）优化产品结构、优化产品部件，采用标准件、规格化部件，不仅便于拆卸、组装、维护保养，延长整机使用寿命，利于维修、更换和回收利用。

（3）采用低能耗、低排放技术，在设计阶段就考虑提高能效的要求，适应节能减排的需要。

（4）改进包装。许多产品过多地注重产品的包装装潢，忽略了产品自身的功能性、可维护性和对环境的综合影响，甚至出现许多过度包装现象。从环境保护和节能低碳的角度，这种现象亟待改变。改进包装不仅要求简约、耐用，避免奢华，也要求有利于回收和循环使用。

建立可测量、可盘查、可追溯、可报告、可比较的产品生态设计综合系统

产品的生产过程是个系统过程，同类产品的不同生产过程可以构成产业系统。如果将某一产业系统比拟为自然生态系统，按照自然生态的要素去组织生产和销售全过程，就要对系统的输入输出功能进行优化。

随着智能化管理手段以及微机和网络的运用，企业或行业完全可以做到从能源、原材料投入，到产品的加工制造、销售使用和淘汰回收全过程跟踪记录，优化选择，从而形成最优化的资源配置，提高竞争力和市场占有率。

由于这样的系统恰恰也是智慧能源产业发展中的管理形态，所以生态设计对于智慧能源产业创新发展有着殊途同归的效应。

产品生命周期

人的生命周期是从生到死。产品的生命周期是"从摇篮到坟墓"。大工业以后，在很长一段时间内，工业设计只考虑产品的性能、质量、成本等属于经济范畴的要素，甚至一直以为产品报废后就是一堆废物，与制造商和销售商都无关系。市场经济最初推崇金钱至上，只要能够赚到钱可以不顾一切。随着产品的丰富和市场的发展，20世纪开始推崇以人为中心，以满足人的需求和如何解决以此为目的的相关需要为出发点，进行产品设计、生产和销售。后来才逐渐发现社会发展到了今天的时代，这样的理念也已经过时了。因为人的需求是刚性的，无止境的，而环境和资源的承载能力是有限的，两者之间必须和谐统一，协调发展。1997年国际标准化组织正式发布了 ISO 14040 国际标准，其名称为《环境管理 生命周期评价 原则与框架》，为进行产品生命周期评价提供了基本原则和操作方法。

2009年，我国发布了 GB/T 24256—2009《产品生态设计通则》。从此标准出发，人们可以开列出针对各个环节的数据清单并对这个清单进行系统分析，计算出此产品生命周期中消耗的各种资源和能源数量以及向环境中排放的各种废弃物、污染物。接下来要做的事就是对生命周期的合理解释，以及在这种合理解释基础上对产生命周期的影响开展评价。在上述工作的全过程中，必然形成大量数据，在智慧能源产业创新发展中，人们就是要认真积累这些数据，并运用科学合理的方法展开数据分析，形成最优方案。可以设想，如果把产品生命周期做为生态设计的原则推广和坚持下去，人们对能源和资源的管控和运用就一定会变得更加智慧。

第七章　互联网与节能

互联网改变一切

　　作为信息传播的新型载体，互联网是 20 世纪人类最伟大的科技发明创新之一，互联网的出现及发展引发了世界范围内前所未有的信息革命和一系列的产业革命。当前互联网已经成为影响我国经济社会发展、改变人民生活形态的关键行业。互联网基于开放性的思想，秉持人人参与的理念，坚持去中心化、对等性的原则，坚持用户体验至上的价值理念，为不同的网络用户提供差异化的服务。根据中国互联网信息中心的相关统计，截至 2013 年底，我国的网民规模已达 6.18 亿，我国已成为第一网络大国，互联网普及率为 45.8%。而近几年的政策和环境变化也对使用深度提供了有力支持：首先，2013 年国务院发布《国务院关于促进信息消费扩大内需的若干意见》，说明了互联网在整体经济社会的地位；其次，互联网与传统经济结合愈加紧密，如购物、物流、支付乃至金融等方面均有良好应用；再次，互联网应用逐步改变人们生活形态，对人们日常生活中的衣食住行均有较大改变。

　　新兴的互联网行业发展势头猛烈，各行各业都将被互联网改变。互联网电商就是一个有力证明，中国网络购物用户规模已达 3.02 亿人，使用率达到 48.9%。2013 年"双十一"一天，淘宝的销售额就达到了 350 亿元，成为了中国互联网最大规模的商业活动。而以互联网为主平台展开营销和销售的小米手机，则以用户需求为核心定制产品的商业模式，打造了中国的"互联网手机"新品牌。2013 年，当传统的金融行业遭遇新兴的互联网行业时，互联网以前所未有的速度改写着传统金融服务格局，把金融服务业推向开放共赢。其中典型代表便是余额宝，根据支付宝公布的数据显示，余额宝上线仅仅 18 天，用户数就突破了 250 万。这一切都应证了互联网正在悄然的改变着一切。

与此同时，在世界范围内，能源行业也处在前所未有的变革中。石油和其他能源的枯竭态势日渐明显，随之而来的全球气候变化给人类的持续生存构成了威胁。以化石燃料驱动的原有工业经济模式难以支撑全球的可持续发展，这就需要寻求一种能使人类进入"后碳"时代的新模式。2012 年，美国未来学家杰里米·里夫金提出"第三次工业革命"理论，他认为真正的工业革命包含两个同时存在、互相影响的因素：能源革命和信息传播方式的革命，而互联网与可再生能源相结合将催生人类社会、经济的重大变革。里夫金创造性的将两者结合起来，并得出结论：通信是社会有机体的神经系统，能源是血液。如今，分布式的信息和通信技术正与分布式的能源"强强联合"，共同孕育真正的第三次工业革命。

互联网的升级与挑战（从 IPv4 到 IPv6）

伴随着信息社会的迅速发展，信息技术已经渗透到各行各业以及世界的每个角落，海量信息呈现爆炸性增长，人类社会对互联网的依赖性与日俱增，社会发展对信息技术的需求越来越大。一个仅仅以不断增加带宽和提高速率作为技术指标、以人际信息交互和传输作为目标功能的互联网已经很难满足新的社会发展需求，信息技术和信息产业正面临新的转型挑战和发展机遇。当前，IPv4 的地址空间已分配完毕，对 IPv6 地址的需求日益紧迫，全球迎来 IPv6 下一代互联网部署的新时代。

下一代互联网已成为各国推动新的科技产业革命和重塑国家长期竞

争力的先导领域。下一代互联网具有以下六个主要特征：

（1）高带宽，可扩展性好，能够接入更多种类及数量的终端；

（2）更加安全和可信，能够保证网络信息的真实和可溯源，提供安全可信的、可保护隐私的网络服务；

（3）更加实时和高性能，支持大规模、强交互、高质量的实时数据传送；

（4）更具有移动性和泛在性，能够实现任何人、任何物、任何时间、任何地点、使用任何系统访问互联网业务；

（5）更加可控、可管，能够对网络资源、流量与用户行为做到可知、可控、可管；

（6）商业模式更加合理，能够创立合理、公平、和谐的多方共赢模式。

发达国家纷纷通过国家战略引导、政府研发投入和企业积极参与来推动下一代互联网的发展，以抢占战略主动权和发展先机。我国也出台了"十二五"发展意见，明确我国下一代互联网发展路线图和时间表。一直以来我国政府高度重视下一代互联网产业的发展，在《国民经济和社会发展第十二个五年规划纲要》和《国务院关于加快培育和发展战略性新兴产业的决定》中明确提出，要"加快建设宽带、融合、安全、泛在的下一代国家信息基础设施"。国务院常务会议研究部署加快发展我国下一代互联网产业，明确提出发展路线图和主要目标，即 2013 年年底前，开展 IPv6 网络小规模商用试点，形成成熟的商业模式和技术演进路线；2014 年至 2015 年，开展大规模部署和商用，实现 IPv4 和 IPv6 主流业务互通。为贯彻落实国务院常务会议精神，国家发改委、工信部等七部委联合发布了《关于下一代互联网"十二五"发展建设的意见》，进一步明确了我国下一代互联网产业发展的重点任务和保障措施。工信部也相继出台《电子信息产业调整与振兴规划》《信息安全产业"十二五"发展规划》《通信业"十二五"发展规划》《宽带网络基础设施"十二五"规划》等行业规划，促进下一代互联网的发展。

下一代互联网发展面临的重大机遇

近年来，为摆脱金融危机对社会的影响，发达国家高度重视经济危机伴生的科技变革和新兴业态的发展，纷纷将互联网等信息产业作为加快经济复苏和重塑国家竞争力的先导领域和战略基础，力图抓住互联网向下一代演进的重大机遇，推动新的科技产业革命。如果我国抓住这一互联网创新突破的历史机遇，将对我国下一代互联网产业的发展具有重大意义。

发展下一代互联网有助于提高我国网络技术产研水平和互联网国际地位。由于美、欧、日等国家和地区是网络信息技术的先行者，所以在IPv4的地址、网络资源、产业等方面拥有得天独厚的优势，但是IPv6的过渡互通、业务应用、安全管控等方面仍未完全成熟，存在较大创新空间。目前，我国IPv6发展已经形成国家重点支持、教育网探路，运营商和产业界积极参与的良好局面。通过大力发展基于IPv6的下一代互联网，将有助于我国率先掌握核心技术和发展先机。另外，我国在有限资源的条件下发展出世界最多的网民，但是我国的互联网国际地位仅居国际第2等级，与新加坡等国相当。随着IPv6发展部署，适时引入IPv6域名服务等互联网顶级服务，将有助于改变我国在互联网中的力量对比，提升我国的互联网地位。

同时，发展下一代互联网将有助于促进其他信息领域高新技术的发展。IPv6网络技术和移动互联网、物联网、云计算、社交网络等技术的融合将促进信息技术创新，提高国家高新科技的核心竞争力。首先，IPv6 海量地址空间能够满足移动互联网、物联网、云计算、社交网络等发展对地址资源和可扩展性的巨大需求；其次，基于 IPv6 的海量的真实地址空间结合位路服务技术有助于解决网络的溯源问题，为构建一个可管可控的互联网奠定了基础。

发展下一代互联网面临的问题

当前，我国在基于 IPv6 的下一代互联网基础理论研究、关键技术研发及设备产业化、技术试验、应用示范等方面，取得了重要进展，这为我国下一代互联网的规模商用和加快发展奠定了良好基础。当前，我国 IPv6 的商用部署进展与国际基本上同步，或稍晚于美国、欧盟、日本等国家和地区，面临的主要问题体现在以下方面。

（1）宽带网络基础设施较为薄弱，用户普及率较低且分布不均衡，而且 IPv6 商用网络覆盖及用户访问量还非常低。与发达国家相比我国宽带发展还存在较大差距，存在以下主要问题：一是宽带普及率低。我国宽带人口普及率虽超过全球平均 8% 的水平，但远低于发达国家 25.6% 的普及率。二是宽带接入速率低。我国近一半用户仍使用 4Mbps 以下宽带接入，远低于发达国家 18Mbps 的主流速率。三是区域和城乡宽带发展不平衡。我国中、西部宽带人口普及率分别落后东部 6.4 和 7 个百分点，农村宽带人口普及率仅为 5.8%，落后城市 12.7 个百分点。另据 RIPE 和亚太互联网信息中心（APNIC）的统计数据，我国 IPv6 网络覆盖率（14.83%）和用户使用率（0.07%）都比较低。

（2）IPv6 全面商用部署缺乏核心驱动力。商业网站及业务应用提供商尚未找到 IPv6 业务的商业盈利模式，缺乏主动向 IPv6 过渡的驱动力，目前国内网站及客户端应用支持 IPv6 的数量还较少。

（3）IPv6 产业链总体水平亟待提升，产业链配套能力有待加强。目前我国 IPv6 的产业部署呈现中间强（网络）两端弱（终端和业务应用）的格局。一是国内三大运营商的骨干网络已经能够支持 IPv6，但接入网、城域网以及业务支撑系统还需要大规模的升级改造，而且各环节 IPv6 支持能力不一。二是设备制造企业，受制于运营商没有明确 IPv6 迁移的技术路线，过渡类产品尚未经过网络规模部署验证，产品成熟度有待进一步完善。

（4）核心芯片和基础软件存在短板，IPv6 移动终端发展滞后。目前我国在支持 IPv6 的高性能路由芯片和移动智能终端芯片，操作系统等基础软件以及商业应用软件（如数据库）领域存在明显的短板，缺少具有自主知识产权的可替代产品，基本完全依赖国外相关产品。在移动终端方面，能够支持 IPv4/IPv6 双栈的商用产品类型还非常少。

从社交平台到产业应用

基于开放的互联网模式，一批以社交为基础的综合平台类应用发展迅速，如微博、社交网站、微信等，特别是以手机为媒介的移动即时通信，发展尤为迅猛。这一方面是由于即时通信与手机通信的契合度较大，另一方面是由于在社交关系的基础之上，增加了信息分享、交流沟通、支付、金融等应用，极大限度的提升了用户黏性。如今，互联网已不仅仅局限于社交平台，它逐渐渗透到了各行各业的产业化的应用。

有观点认为，互联网时代已经开始进入一个可以称之为后互联网时代的新的历史发展阶段，而后互联网时代的特征就是基于互联网的产业应用和智慧服务。后互联网时代的发展重点不能停滞在网络技术本身，侧重点应该着眼于网络的末梢效应及其边缘价值，即通过互联网的泛在兼容性，打通从终端末梢到中央集控的各个环节，连接产业链的上游、中游及下游所有产品及企业。那到底什么是基于互联网的产业应用呢？中国电子信息产业发展研究院给出的定义是以互联网为依托，提供互联网基础数据传输、信息服务、应用服务以及相关软件开发的产业，是当今创新最活跃和对经济社会发展影响最深刻的产业之一。

促进互联网产业创新发展，引领现代产业体系建设，对坚持走中国特色新型工业化道路、加快转变经济发展方式、打造中国经济升级版具有重要意义。

互联网产业创新的特征

进入 21 世纪以来，互联网领域技术创新、产品和服务创新、商业模式创新、管理创新极为活跃，创新成为互联网产业发展最为显著的特征。

（1）创新过程呈现用户深度参与和产品快速迭代的特征。在工业领域，用户一般很少主动参与企业的产品和服务创新过程，往往是创新的被动接受者。互联网产业创新呈现一种全新模式，用户不但激发创新思想的产生，还深度参与到产品和服务的创新过程之中，并且成为产品持续创新的关键因素之一。与传统产业相比，大多数互联网产业创新呈现渐进式、体验式的特点。通常情况下，产品和服务以 Beta 版（测试版）形式推出并迅速传播，并在试用过程中持续改进，创新周期大大缩短。

（2）创新内容呈现技术创新与商业模式创新互动发展的特征。互联网产业创新呈现技术创新推动和商业模式创新拉动相互交织、相互影响、相互促进的新特征，并形成互联网创新的"双螺旋结构"。在这个结构中，企业通过技术创新获得技术支撑，通过商业模式创新向用户提供更为丰富的服务和个性化的体验，使技术创新成果转化为实际的商业价值。当技术创新和商业模式创新达到完美结合时，才会诞生出引人入胜的应用创新和行业发展新热点。如苹果公司的 iPhone 通过产品与内容的成功结合，为用户带来更多体验，实现了技术创新与商业模式创新的融合，成为引领消费热潮的重要亮点。

（3）创新成果呈现扩散速度快和带动效应强的特征。互联网创新活动依托于互联网、应用于互联网，这就从根本上决定了互联网创新成果传播、应用的广度和深度。腾讯在 QQ 用户超过 10 亿的基础上，勇于创新，推出了更为便捷易用的微信服务，并且在短短两年时间内用户数突破 6 亿，创造了互联网发展的新奇迹。传统商务与互联网的结合，为传统商务活动植入新基因，改变了企业的生产方式、组织架构和管理模式，改变了消费者消费行为、消费习惯和支付方式，甚至改变了快递行业的生存发展模式，有力带动了零售业、物流业、金融业的深刻变革，创造了近年来我国电子商务年均增长 20% 以上的发展速度。

营造互联网产业创新发展的良好环境

尽管近年来我国互联网产业创新能力和影响力日益提升，但还是应该看到，我国互联网产业链协同创新能力弱，互联网产业竞争机制尚不健全，互联网产业管理和服务滞后，互联网产业操作系统等关键技术缺乏、国际市场开拓不足的矛盾和问题依然突出，亟待改观。实施创新驱动发展战略，是我国建设创新型国家的必然选择，也是我国互联网产业走创新发展之路的现实途径。必须针对制约互联网产业创新的各种问题，发挥好政府和市场的作用，调动企业创新的积极性和主动性，努力开创我国互联网产业创新发展的新局面。为此，我们应做好以下三个方面的工作。

（1）提高互联网治理水平。有效的互联网治理是互联网产业创新发展的重要前提，需要政府、企业、协会共同努力营造公平、公正、有序的竞争规则和市场秩序。要强化市场监管体系建设，完善市场规则，规范企业经营行为，健全基础电信运营企业与互联网企业、电商企业、智能终端企业之间合作和竞争机制。进一步放宽业务准入条件，精简互联网产业发展的行政审批事项，减少各类资质认定许可，降低互联网企业设立门槛。根据互联网产业创新发展需要，探索新型管理方式。加强行业自律建设，增强协会联系纽带作用，加强互联网企业社会责任建设，促进互联网产业健康发展。

（2）完善政策支持体系。互联网产业属于资本密集型产业，资金是影响其创新的关键因素，也是我国互联网产业未来要实现创新发展必要着力解决的重要问题。要加大财税支持力度，把现有的相关专项资金重点用于支持互联网产业创新，调整高新技术企业认定管理办法，让更多的互联网企业享受相应的优惠政策，落实支持小微企业的各项政策切实减轻互联网小微企业负担。实现资本市场与互联网产业创新的有效对接，创造风险投资与商业信贷、股票与债券、知识产权质押融资相互补充、相互支持的投融资政策环境，保障风险投资机制与互联网企业自主创新、孵化和成长的有机结合。结合互联网产业发展特征，进一步改革现行企业上市融资体制，鼓励创新型、成长型互联网企业国内上市，鼓励海外互联网上市企业回归。

（3）强化知识产权运用和保护。创新成果体现为一系列专利、著作权、版权、商标等知识产权，加强知识产权保护是激励创新的前提。

这一点对于互联网企业尤为重要。要建立以企业为主体、以市场为导向、产学研用结合的互联网企业知识产权创新体系，引导企业做好专利布局，保障我国互联网产业自主安全发展。高度重视自主知识产权专利池建设，推进面向核心专利技术和自主知识产权的国际并购，增强我国互联网企业的自主创新能力和技术储备能力，以自主知识产权为基础增强国际竞争力。引导互联网企业提高依法保护知识产权的意识和能力，支持依法维护知识产权权益和法律诉讼，严厉打击盗版侵权行为。完善知识产权价值评估和利益分享机制，鼓励企业知识产权转化运用。

互联网成为节能减排的技术基础

当前，以合同能源管理和碳交易为特征的节能减排行动正在我国如火如荼蓬勃发展。但是节能量、减排量是否真实可靠，各级政府和企业承担的指标是否可测量、可报告、可核查，又成了发展中新的难题。于是，传统的节能减排技术向自动化、信息化不断靠拢，有条件的大企业和众多政府主管部门纷纷建立节能减排的监测管控平台，各种智能化的管理方法和技术手段应运而生，这些有益的实践，使自动化控制和信息化应用达到了一个新高度，节能减排技术跨入了自动化、智能化的新时代。

然而，人们很快就发现依据自动控制技术开发的平台有很大的局限性。这种局限性表现为：应用领域不同，技术千差万别，定制成本很高；在重复建设中形成了一座又一座信息孤岛；推广应用被人为地设置了许多观念上、管理上和技术上的门槛和障碍。如何打破这种局面？谁能打破这种局面？人们开始了许多有益的尝试，如由政府出面，以行政命令的方式下达指标，考核验收，甚至和地方官员的政绩挂钩，但是实践的结果并不理想；许多大型企业或企业集团，包括许多节能技术服务公司也在尝试建立能源数据管控中心，可是由于应用技术千差万别，不能联运，数据资源的合理使用存在很大的局限性。正是在这种情况下，"互联网改变一切"，成了追求创新的人们的精神动力。如果说自动控制解决的是个案问题，智能管理解决的是局域问题，那么互联网的深度介入解决的将是整体问题、全局问题。人们开始探索智慧能源产业的发展，相信智慧能源产业的出现是互联网改变一切的最具代表性的有力实践。由中国企业为主体研究制定的 IEEE 1888 标准成为了智慧能源产业创新发展中连接能源生产、能源使用，特别是能源节约以及与其紧密相连的减排温室气体、低碳发展与互联网应用之间的桥梁和纽带。而且，随着 ICT（Information Conmunication Technology）技术在节能减排领域的广泛应用，传统的节能减排技术、新能源技术与互联网的结合，一定会使能源使用效率提升到一个更新的水平。

第八章 智慧能源和智慧能源产业

何谓智慧能源

根据李克强总理的《政府工作报告》，我国将 2014 年 GDP 增长目标定为 7.5%，而且要实现能源消耗强度降低 3.9% 以上，二氧化碳、化学需氧量排放量要减少 2%。面对严峻的经济形势和节能减排的硬性任务压力，人们必须找到行之有效的技术措施和管理办法的承载体。这个承载体就是智慧能源产业。

智慧能源产业在哪里？智慧能源产业就是传统的节能减排技术、新能源技术以及互联网技术三者的结合和应用。智慧能源产业是一种复合型产业，它不是新能源企业或传统产能用能单位、传统节能服务产业和 IT/ICT 产业单独创造出来的，必须是这几类产业高度融合的结果，是一种产业复合体。从这个意义出发，可以认为现在人们已知的分布式能源和智能电网还不是智慧能源。人们早已应用的风能、太阳能、生物质能的生产和应用也不是智慧能源。智慧能源必须是应用互联网和现代通讯技术对能源的生产、使用、调度和效率状况进行实时监控、分析，并在大数据、云计算的基础上进行实时检测、报告和优化处理，以达到最佳状态的开放的、透明的、去中心化和广泛自愿参与的综合管理系统。按照这样的性质，智慧能源综合管理系统将具有高度的兼容性、民主性、自愿性，不接受任何长官意志、行政命令和垄断行为，而且还要打破一个个自我封闭的信息孤岛，使所有有关能源的生产和使用行为相互连通起来，实现自调节、自组织和自平衡，以求得能源生产和消费的科学、合理和可持续发展。这样的目标实现了，在节能减排、保护环境、管控能源等方面遇到的主要难题都会迎刃而解。

智慧能源产业的技术路线

技术是智慧能源的基础。从技术的角度看，智慧能源需要得到信息技术和能源技术的双重支撑，只有将这两种技术深度融合，才能真正达到智慧能源的目的。

智慧能源的技术可以归为两类，即改进性技术与更替性技术。改进性技术主要指针对传统能源形式开发利用的清洁技术、高效技术和安全技术；更替性技术主要指针对新型能源形式的探索发现及其开发利用技术。

改进性技术与更替性技术的区分有形式与趋势两个标准。改进性技术在能源形式上是现有的传统能源，在趋势上是使之更加清洁、高效、安全的改良进步；更替性技术在能源形式上是已知甚至未知的新型能源，在趋势上是革命性的、能够替代现有主要能源甚至能够完全满足人类能源需求的未来能源。

改进性技术和更替性技术的关系，犹如智慧能源不断向前迈进的两条腿，协调并行、相辅相成、不可偏废。改进性技术是阶段性、过渡性的，为更替性技术作技术上的积累与铺垫，满足人类现时直至能源形式大规模更替前的需求，重在"守成"；更替性技术是长期性、革命性的，在改进性技术的基础上找到能够大规模替代现有主要能源形式并长期支撑人类文明发展的主体能源，重在"开拓"。更替性技术与社会、文明的发展程度相协调，持续到一定时间、发展到一定程度后，又会逐渐无法满足新的社会和文明需要而转变为改进性技术，因此我们将持续不断寻求新的更替性技术。

目前，参照能源形式更替路径与规律，加之现今社会发展和未来文明的需要，我们可以发现智慧能源的关键性特征：

（1）系统性。智慧能源技术不会是单一的某项技术，必然是有机整合当前的互联网技术、云计算技术、通信技术、控制技术及未来的新技术，实现能源生产、传输和利用等环节多项技术的综合优势。智慧能源技术的功能不再是能源简单的生产、传输、交易和消费过程，而是基于生态文明发展需求，结合环境、社会、人文、政治等指标建立起来的综合体系。

（2）安全性。智慧能源技术必须符合安全的要求，确保为社会提供安全、稳定、持续的能源，同时解决能源巨大能量在不可控制时带来的危害，如火灾、洪水、电击、交通事故等，彻底驯化能源的"野性"。

（3）清洁性。智慧能源对自然环境的影响将无限趋近于零，这是我们为之不懈努力的终极方向与目标之一。未来能源的清洁属性必须摆在第一位，其生产和使用过程不产生有害物质，或者产生的有害物质极小，不影响自然界的生态平衡。智慧能源不仅要加强可见、有形的污染物的控制，而且要消除辐射、电磁波等无形污染物的危害。

（4）经济性。随着能源技术中所蕴含人类智慧属性的不断提高，能源利用效率也将随之提高，智慧能源技术将探索发掘更加高效的能源，使之拥有越来越大的能量密度，以最小的代价换取最大的动力产出，简而言之就是高效率、低成本、高产出。

能源技术与信息技术的纽带——IEEE 1888 标准

当今，在能源问题和全球变暖问题愈发突出的背景下，能源管理越来越受到人们的关注。传统的能源管理一般由各组织、企业的设备处室、防灾中心等部门负责，而近年来随着互联网技术的应用，如何以互联网为中心实现能源消耗的可视化、浪费现象的杜绝、节能措施的完善、舒适度自动控制、电力供需平衡控制等能源综合管理备受关注。

在此背景下，北京天地互联信息技术有限公司（以下简称：天地互联）、中国电信等企业开始研发物联网绿色节能领域的国际标准，并向美国电气和电子工程师协会（IEEE）提交了标准项目草案。2011 年 3 月，IEEE 组织正式批准发布了该标准——IEEE 1888《泛在绿色智能控制网络标准》。

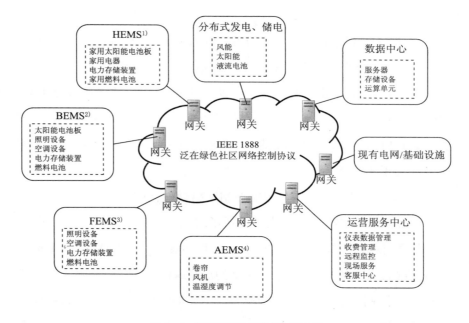

图 8 –1　IEEE 1888 标准的典型应用

注：1）HEMS 即家庭能源管理系统（Communinty Energy Management System）；
　　2）BEMS 即楼宇能源管理系统（Home Energy Management System）；
　　3）FEMS 即工厂能源管理系统（Factory Energy Management System）；
　　4）AEMS 即农业能源管理系统（Agriculture Energy Management System）。

IEEE 1888 标准针对城市中的能耗环节，实现泛在网络设备和基础设施在互联网范围内的智能互联、协同服务、远程控制和统一管理，为政府部门、社区管理者、消费者和公共服务运营商提供合适的远程和协同管理解决方案，协助建立公共环境监督管理机制，并促进相关产业升级。IEEE 1888 标准可以将多种应用场景作为节点，以标准的方式统一吸纳为一个基于 IP 的绿色系统，其典型应用如图 8 – 1 所示。

IEEE 1888 系列子标准

IEEE 1888 标准正式批准发布后，针对 IEEE 1888 系统的运营与管理、异构网络融合、网络安全、智能家居应用四个方面问题，天地互联等企业又向 IEEE 提出了立项申请。2011 年 6 月，正式批准成立 IEEE 1888.1、IEEE 1888.2、IEEE 1888.3 三个子工作组；2013 年 3 月，批准成立了 IEEE 1888.4 工作组。截至 2014 年 5 月，IEEE 1888.1 和 IEEE 1888.3 已正式发布。

IEEE 1888.1《泛在绿色智能控制网络标准：控制和管理》由中国电信牵头成立工作组，发起成员包括了北京天地互连信息技术有限公司、北京交通大学以及青岛高校信息产业有限公司。IEEE 1888.1 标准主要针对 IEEE 1888 核心标准所定义的泛在绿色社区控制网络系统，研究网关的中央接入控制和管理策略。IEEE 1888.1 标准对泛在绿色社区控制网络中定义的接口协议、消息格式和交互流程进行了扩展，规范了网关接入控制、注册管理、状态查询、事件上报以及远程管理的信令流程。IEEE 1888.1 实现了对 IEEE 1888 网络的运营管理需求，将应用与管理控制分离开，便于多应用对网关和节点的数据采集和处理，达到统一管理，实现统一运营，为运营者提供了较好的管理和控制手段，为用户提供更好、更便捷的应用和服务。

IEEE 1888.2《泛在绿色智能控制网络标准：异构网络融合与可扩展性》，由北京交通大学牵头成立工作组，发起成员包括了清华大学、北京天地互连信息技术有限公司以及中国电信。IEEE 1888.2 标准主要针对 IEEE 1888 核心标准所定义的泛在绿色社区控制网络系统，研究现有的异构网络以及未来可能出现的新型网络的兼容性与可扩展性问题。IEEE 1888.2 标准针对泛在绿色社区控制网络系统中的网络融合可扩展性问题定义标准化的准则以及解决方案，基于唯一身份标识可用性，增强网络互联、网络协同、网络交互性能，最终保证 IEEE 1888 系统成为一个具有极强可扩展性的系统。

IEEE 1888.3《泛在绿色智能控制网络标准：安全》，由北京天地互连信息技术有限公司牵头成立工作组，发起成员包括了清华大学、北京交通大学以及中国电信。IEEE 1888.3 标准主要针对 IEEE 1888 核心标准所定义的泛在绿色社区控制网络系统，实现了增强的安全管理功能。通过该标准，可以防止数据泄露以及非授权的接入资源，保障信息的完整性和私密性。IEEE 1888.3 针对可能的安全威胁，提供对数据平面以及控制平面消息交互的保护，实现双向认证、接入控制、消息完整性、数据机密性等安全服务，从而提供一个安全可靠的传输环境。

IEEE 1888.4《泛在绿色智能控制网络标准：绿色智能家居与居住控制网络协议》，由广州视声电子科技有限公司牵头成立工作组，发起成员包括了天地互连、广州智能家居技术标准促进中心。IEEE 1888.4 标准旨在为家庭和住宅小区提供能源计量和智能控制网络协议，推动家庭社区可以更加自如的实现绿色、智能功能。同时，该标准以"一网到底"的目标，对网络设备进行了系统应用定义，还包含了数据格式定义配置和管理功能，数据格式定义部署和控制导向的功能。该标准还定义了系统一致性测试和互操作性测试方法和标准。IEEE 1888.4 是一种可以为社会提供通信协议和绿色社区控制网络管理解决方案的绿色社区控制网络，它规定了数据结构之间的现场设备的应用定义，传感器、执行器等不同厂家生产的设备可以实现无缝兼容。

IEEE 1888 标准系统架构

IEEE 1888 标准基于 TCP/IP 开放式体系，采用了 Internet 领域内成熟和新兴技术，支持不同的物理层接入技术，支持网络层的 IPv4/IPv6 技术，并与下一代融合网络完美集成，IEEE 1888 标准的系统架构如图 8-2 所示。

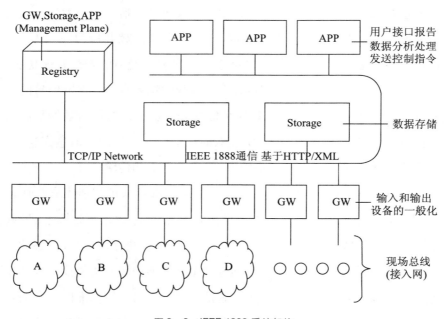

图 8-2　IEEE 1888 系统架构

IEEE 1888 系统由网关（GW）、存储器（Storage）、应用单元（APP：Application）和负责 IEEE 1888 组件之间交互的 IEEE 1888 注册器（Registry）构成。其中，网关、存储器和应用单元统称为 IEEE 1888 组件，以下简称组件。相应的，IEEE 1888 标准规定了组件之间的通信方法，以及组件和注册器之间的通信方法。以下就各网关、存储器、应用单元以及注册器，在 IEEE 1888 系统中有哪些作用进行具体的阐述。

（1）网关（GW）

在网关下面连接传感器和执行器，对于连接方法 IEEE 1888 并无特殊规定，所谓连接方法，是指传感器和执行器等设备通过使用某种现场总线网络，而与网关连接，进而接入 IEEE 1888 系统。例如：通过 Zig-Bee 或 Z－Wave 的无线网络，通过 RS－485/RS－232 串行通信总线，通过 1－Wire 或 I^2C 的轻量通信总线或通过以 LonWorks 或 BACnet 等为代表的楼宇自动化网络。

网关屏蔽了各种不同访问网络的规格差异，在统一的 IEEE 1888 通信协议的帮助下，可在互联网上起到在线化的作用。两个典型连接方式如图 8－3 所示。

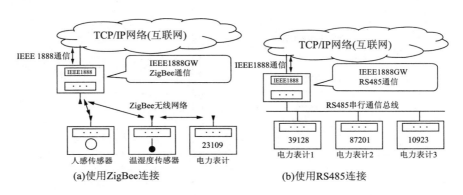

图 8－3　网关和传感器设备的连接形式

（2）存储器（Storage）

存储器在 IEEE 1888 中将在线化的传感器数据或状态信息长期保存，可在任意时间读取。基于此特性，一些历史数据，例如去年或者前年的电力消费情况，也可在之后的任意时刻读取用于参照。此外，存储器也可以作为组件间数据共享的服务器使用。

（3）应用单元（APP）

根据应用方式不同，应用单元有很多功能和开发方式，例如可视化应用或统计处理应用，可参照图 8 - 4。图 8 - 4 中的（a）展示了可视化应用，即从 IEEE 1888 组件中读取数据，将传感器数据转换成 PNG（Portable Network Graphies）等图像文档，然后作为网页服务器的一部分部署。

图 8 - 4（b）展示了统计应用，用于统计处理庞大的观测元数据，并保存运算处理的结果。在统计应用中，从组件读取观测到的传感器数据，进行各种运算和处理（例如，每 30min 计算变化量等），将处理结果进行保存。在此情况下，作为定期驱动的批处理程序部署开发。

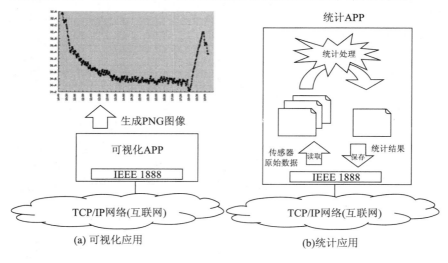

(a) 可视化应用　　　　　(b)统计应用

图 8 - 4　IEEE 1888 系统的可视化应用单元和统计应用单元

（4）注册器（Registry）

注册器和刚才论述的网关、存储器、应用单元等 IEEE 1888 组件有根本的不同。如图 8 – 5 所示，注册器在网络中，维护着"在哪里的哪个组件，对应着哪些数据信息"的绑定关系，并能依条件检索到相应的组件。当大量数据在不同的存储器上分别进行保存时，应用单元通过使用注册器可以找到对应的存储器，进而寻找到所需的数据。从这个意义上说，注册器很像用于检索的电话簿。

此外，注册器也可管理一部分系统设计信息——POINT 列表，据此可提供某特定范围内的所有传感器列表。

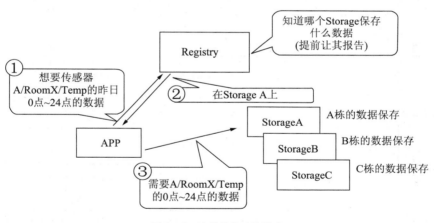

图 8 –5　注册器的功能描述

由于注册器与组件之间具有不同属性，因此组件间的通信及组件与注册器之间的通信方式也是不同的。下一节将对 IEEE 1888 的通信协议进行介绍。

此外，IEEE 1888 协议建立在包含四个层次的简化分层体系结构上，这四层相当于 OSI 简化模型中的物理和数据链路层、网络层、传输

层和应用层，如图 8 -6 所示。IEEE 1888 体系架构属于 OSI 简化模型中
应用层的协议体系，因而底层不受限制的支持各种局域网技术，可以采
用其他各种广泛应用的底层传输协议，如 Powerline、WiMAX、Blue-
tooth、UWB、3G、802.11 等，满足现代网络控制系统进行广域数据通
信的需求，为系统集成开辟了新的方法。

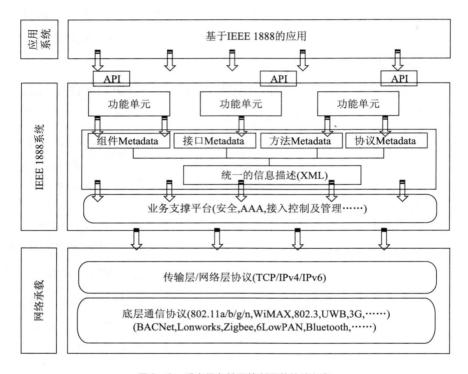

图 8 -6　泛在绿色社区控制网络协议框架

　　IEEE 1888 系统所采用的网络层支持 IPv4 或 IPv6 协议，由于采用
开放的 TCP/IP 网络体系架构，从理论上，只要能进行数据通信的网络
均可以作为 IEEE 1888 网络层的通信协议。IEEE 1888 设备在网络过渡
时期可以采用 IPv4/IPv6 的双栈协议，和目前 Internet 的发展趋势相结

合，传输层可以采用 TCP 协议，也支持无连接不确认的 UDP 协议，传输层向应用层提供服务接口。

应用层采用支持多种通信协议绑定，如 HTTP、SIP 等。在 IEEE 1888 网络中，设备之间的通信过程实现对某个对象属性的读/写、设备通知报警信息、设备注册服务或调用设备服务描述等功能。

应用层中的数据模型采用 XML，实现对应用数据格式的统一规范，包括网络可见的设备命名标识和设备数据类型等。这种开放的面向对象数据结构的规定屏蔽了通信各方设备数据格式的差异，便于系统集成和设备互操作。

IEEE 1888 还为应用服务接口提供了应用管理功能模块（AMFU），包括能源管理、环境监控、生命安全和绿色家居，应用程序还可以通过 IEEE 1888 网络管理功能单元（NMFU）提供的网络管理服务接口，有效设置设备访问控制权限、采集计费信息、保障网络数据安全和系统管理，对泛在绿色社区控制网络进行统一监控和维护。

IEEE 1888 通信协议

在 IEEE 1888 系统中，主要分如下两大类通信：组件与组件之间的通信及组件与注册器之间的通信。

（1）组件间的通信。

组件（包括网关、存储器、应用单元）具有两类方法接口：查询接口（query）以及数据接口（data），通过组合这两种接口的调用，构成了三种通信协议：数据推送协议（WRITE），数据获取协议（FETCH）及异步数据订阅协议（TRAP）。

1）WRITE 协议。

WRITE 协议用于某一组件对另一组件主动推送数据。例如，网关向存储器推送获取的传感器数据，应用单元向网关发送控制命令等。

IEEE 1888 标准中规定接收数据方称为服务器，发送数据方称为客户端，WRITE 协议通过客户端呼叫服务器的 data 接口来实现。

2）FETCH 协议。

FETCH 协议用于某组件读取别的组件中的数据。例如，应用从网关或存储器中读取最新数据或历史数据。如果将提供数据的组件称为服务器，请求读取数据的组件称为客户端的话，FETCH 协议通过客户端多次调用服务器的 query 接口实现。

3）TRAP 协议。

TRAP 协议提前设置触发的事件条件，在满足该触发条件时，由数据提供方主动回送数据。例如，应用单元对网关指定传感器的数据发生变化之时，将此变化通知应用单元。从这个角度看，TRAP 协议可看成基于事件通知的一种通信方法。

（2）组件和注册器之间的通信

注册器有注册（REGISTRATION）和检索（LOOKUP）两种接口，对应于两种通信协议：注册协议（REGISTRATION）和检索协议（LOOKUP）

1）REGISTRATION 协议。

REGISTRATION 协议是通过组件对注册器的 registration 接口进行远程过程调用（RPC：Remote Procedure Call）实现的，各组件向注册器登记绑定的数据范围。

2）LOOKUP 协议。

LOOKUP 协议是通过组件对注册器的 lookup 接口进行 RPC 调用实现的。各组件向注册器检索相应信息，包括组件检索和管控点检索两类。组件检索是在确定了希望获取的数据范围的前提时，查找相应组件的过程。管控点检索用于在管控点列表中寻找某些特定的管控对象。

IEEE 1888 系统的关键基础技术与系统创新

IEEE 1888 标准基于下一代互联网，融入泛在网、物联网等新一代信息技术，以节能环保和能源管理为目标，实现对泛在绿色社区网络的运营管理。下面分别从关键基础技术和系统性创新两个角度介绍 IEEE 1888 标准所构建的绿色节能系统。

（1）关键基础技术。

1）基于多协议网关的全 IP 泛在绿色网络架构。

IEEE 1888 标准定义了基于下一代互联网的开放的网络架构，以基于 TCP/IP 协议组成的广域网络作为骨干网，支持远程的信息传输。通过多协议网关兼容现有的各种非 IP 网络，通过融合异构网络保证规模性的应用和部署。网络架构如图 8 - 7 所示。

采用基于 TCP/IP 协议的下一代互联网作为骨干网，支持并兼容现有的主流总线非 IP 系统的统一接入，支持远程的信息交互，保证规模性的应用和部署。

定义了如下功能实体：网关、存储器、应用服务单元、注册器以及 AAA 管理器。网关、存储器和应用服务单元属于数据平面，负责业务数据的传输及处理。注册器和 AAA 管理器则构成控制平面。网关向下连接不同类型的传感器和执行器等终端设备，获取传感器感知的数据，根据指令向执行器发送命令，使执行器完成相应操作。终端设备在底层组成不同类型的总线网络，具有不同的数据模型和接入方法，网关对其进行统一封装，向上提供通用的数据模型和接入方法。存储器用于存储

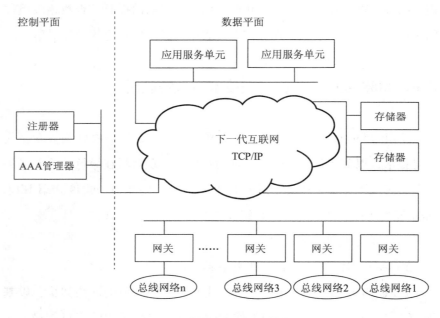

图 8-7   IEEE 1888 系统网络架构

数据序列，并向其他功能实体提供对数据的读写功能。存储器实现了面向数据的组网思想，提供能源消耗情况的可视化呈现，并支持节能策略的制定等。应用服务单元作为用户接口，一方面呈现环境的状态，另一方面允许用户输入策略，除了提供传感器读取以及执行器操作等基本功能外，还进行数据的处理。注册器作为网关、存储器、应用服务器等功能实体的代理，对数据平面的实体进行管理控制，绑定功能实体之间的对应关系，并提供查询功能。AAA 管理器负责整个系统的鉴权、计费、管理功能，保证系统的可管可控性。

2）面向绿色节能的泛在绿色网络通信协议。

对泛在绿色社区网络的功能实体进行抽象建模，实现泛在绿色网络各功能实体之间远程的同步通信以及异步通信。针对不同功能实体之间的通信需求，定义了网络通信协议，给出了通信发起方和响应方的信息交互过程。

对泛在绿色社区网络的功能实体进行抽象建模，并规定了功能实体之间的部署方法。数据平面的功能实体包括网关、存储器、应用服务器，抽象建模为"组件"，统一对外提供通信接口，提供向组件写入数据的方法以及从组件读取数据的方法，支持统一的通信协议。注册器作为不同于组件的功能实体，对外提供异于组件的通信接口，支持组件的注册功能和查询功能。通过对系统的抽象建模，保证了系统的开放性，支持任何厂商按需要部署任何符合抽象模型的功能实体，无缝的加入到原有系统中。

针对组件之间的通信过程定义了三种标准化的通信协议，分别是信息读取协议、信息发送协议和信息触发协议。信息读取协议用于同步的从组件获取数据，支持分包传输。信息发送协议用于同步的向组件写入数据。信息触发协议支持异步通信过程，根据策略，向指定组件执行基于事件的信息交互。

针对组件与注册器之间的通信过程定义了两种标准化的通信协议，分别是注册协议和查找协议。注册协议用于网关、存储器、应用服务器等组件注册组件信息（如组件功能、支持协议、组件标识等）以及角色信息（如组件管理、读取、交互的对象信息等），注册器管理两者之间的绑定关系。查找协议用于向注册器查询其他组件的信息。

3）基于组件模型的统一接入方法和消息体系。

泛在绿色社区网络的 API 接入通过远程过程调用方法实现，消息发起方通过请求消息调用消息接收方的 API 方法，消息接收方返回响应消息。

规定请求消息和响应消息具有相同的格式，包括消息头和消息体。

消息头承载控制信息，消息体承载数据信息。在此基础上，基于面向对象的类，分别针对不同功能实体的 API 接口调用方法规范了相应的数据格式和实现方法。

泛在绿色社区网络的通信协议通过功能实体之间调用 API 接入方法来实现，采用主流的 XML 方法描述消息格式，统一定义了通信协议的数据结构及实现方法。

针对组件之间的通信过程，引入了管控对象、管控对象集以及对象值的概念，并在此基础上规定组件间通信过程中的数据模型采用树状数据结构描述。以管控对象抽象表示数据流的读取对象，通过定义对象值表示具体承载的数据值。多个管控对象聚合成管控对象集。通过树状数据结构，极大增强了读取对象的可理解性与可读性。

（2）系统创新。

IEEE 1888 系统支持广域 IPv4 和 IPv6 网络，为了使节能服务可管可控可运营，IEEE 1888 系统做了不少创新，主要体现在下面 4 个方面：

1）广泛兼容的泛在绿色社区体系架构。

提出全 IP 化的基于"组件"的泛在绿色社区体系架构，提出通用的网关单元、存储单元、注册器单元、应用单元模型，解决不同工厂、楼宇、家庭、数据中心等能耗基础设施控制网络相互分离、难以实现协同控制、综合节能效果不佳的问题；实现对社区内所有创能、储能、用能设备的远程管理、有效控制和及时维护。

2）标准化的绿色节能远程控制协议和数据交互格式。

提出信息读取协议、信息发送协议、信息触发协议、注册协议、查找协议五大协议，实现 HEMS、BEMS、FEMS 的互联互通和有机整合，形成可运营、可管理的区域能源管理系统（Community Energy Management System，CEMS），解决现有各种家庭能源管理系统（Home Energy

Management System，HEMS）、楼宇能源管理系统（Building Energy Management System，BEMS）、工厂能源管理系统（Factory Energy Management System，FEMS）之间无法互通和统一管理的问题。

3）电信级可运营的绿色节能信息服务平台。

基于 DB – Oriented 思想实现了标准化的数据库，基于 URI 体系标准化了能耗设备建模和寻址机制，实现广域范围内端到端管理和控制每个能耗节点。此外，基于统一的存储单元和注册器模型，实现统一网管和统一计费，为运营商提供节能信息服务打下基础，解决了 BACnet、LonWorks、Modbus 等主流工业控制总线系统缺乏统一认证计费和用户数据库，不能满足电信运营需要的问题。

4）多协议转换功能的网关。

采用自适应协议转换技术，兼容 BACnet、LonWorks 等主流工业控制总线系统，支持 6Lowpan、WiFi、Zigbee、2G、3G 等多种无线接入技术。自发布以来，IEEE 1888 所定义的多协议泛在网关已经获得 Intel、Cisco、东芝等国际性著名企业的支持。利用泛在网关适配多种传感器硬件接口，统一消息封装和处理，实现以泛在智能网关为核心的固定移动融合的信息通信网络，可以解决现有工业控制总线技术、2G/3G 技术、WiFi/6LowPAN/Zigbee 等无法互通的问题。

实践篇

※ 国外应用实践

※ 国内应用实践

第九章　国外应用实践

【案例1】美国

2010年9月23日，美国能源部部长朱棣文提出了美国发展智慧能源的最新战略，即建立21世纪的能源网络，包括发展可再生能源接入、大规模储能、用户端管理、智能电网、数据与信息安全、智能建筑等内容。发展智慧能源已经成为美国政府部门、行业协会及产业界新的战略共识。2011年3月30日，美国政府发布《能源安全未来蓝图》，全面勾画了国家能源政策，并特别强调了清洁能源的地位。

美国《2007年能源独立和安全法案》强调把输电和配电网的现代化作为美国的国策之一。为应对全球金融危机，引领美国创造新的经济增长点，同时也为了进一步促进独立与安全法案的实施，奥巴马政府2009年提出了"技术创新战略"，并出台了拯救美国经济的《2009年美国经济复苏与再投资法案》，在该法案总计7870亿美元的投资中，1000亿美元将投入创新。创新涵盖建立国家智能能源网和信息技术基础设施等领域。目前已经有99家企业、服务提供商、制造商和城市从美国能源部的智能电网投资拨款项目（SGIG）获得了超过90亿美元的投资，开展了141个项目。这些项目涉及智能电网的各个领域，包括传感器、智能开关、控制和通信技术在输电和配电系统中的应用，以及使消费者能够参与能源管理的设备等。

2010年9月23日，朱棣文在智能网络全球论坛（2010 Grid Wise Global Forum）上提出了美国发展智慧能源的最新战略，即建立21世纪的能源网络（Toward a 21st Century Grid），该战略重点包括发展可再生能源接入、大规模储能、用户端管理、智能电网、数据与信息安全、智能建筑等内容。美国联邦能源监管委员会（FERC）主席韦林霍夫也称"要打一场不可缺少的战争，建立需方参与的智慧能源网络"。发展智慧能源已经成为美国政府部门、行业协会及产业界新的战略共识。2011年3月30日，美国政府发布《能源安全未来蓝图》，全面勾画了国家能源政策，并强调在清洁能源领域成为世界领袖是强化美国经济、赢得未来的关键，为保证世界领袖的地位，美国政府要求以创新方式走向能源未来，并提出确保美国未来能源供应和安全的三大战略：开发和保证美国的能源供应；为消费者提供降低成本和节约能源的选择方式；以创新方法实现清洁能源未来。

2011年6月13日，美国白宫办公厅公布了题为《21世纪电网发展政策框架——确保未来能源安全》的报告。该报告从三方面系统地阐述了美国的电网新政：支持电网创新发展、加速电力基础设施现代化和推进清洁能源经济发展。报告综合美国电力行业的发展现状，解读了美国最新的智能电网政策的四个支柱：促进智能电网投资、促进电力部门创新、增加消费者自主权以及电网安全政策。

（1）促进智能电网投资：该报告强调各州和联邦监管机构应继续考虑使用激励政策，调控市场和电力公司通过提高能源利用效率，以使投资符合成本效益原则。联邦政府将继续支持智能电网的信息共享，消除信息障碍，以促进形成符合成本效益的投资，用于智能电网的研究、开发和示范项目。研发的成果和收益由所有的公用事业电力公司共享。

奥巴马政府设定了到2035年美国80%的发电来自于清洁能源的目标，而建设一个能支持大规模清洁能源接入的智能电网正是实现这个目标的关键，其中最关键的几个技术领域包括可再生能源发电、分布式发电、电动汽车和储能系统。

报告显示，美国输配电系统的网损大约在 6% ~ 10% 。为了降低输配电系统的损耗，动态线路容量测量装置和电压无功控制系统是目前两个主要的发展方向。动态线路容量测量装置可以实时地精确测量输电系统的可用容量，从而可以提高系统的利用效率和可靠性。电压无功控制系统可以提高系统的稳定性，减少系统网损。初步研究表明，先进的电压无功控制系统可以降低大约 3% 的系统负荷。因此，提高电网运行效率、降低电能损耗方面的技术，也成为美国在智能电网方面的投资重点。

（2）促进电力部门创新：该报告强调重视智能电网互操作性标准的开发，保证电网开放标准；加强需求侧管理，努力降低峰荷时的发电成本；继续监测智能电网和智能能源计划，防止不公平的竞争，保护消费者的选择权。

创新的结果带来了很多有效率的机制，如需求响应计划和电价机制都是有效的峰荷管理机制，可以显著提高电网的运行效率和可靠性。消费者一般支付不随时间变化的电费。消费者普遍缺乏在供电成本高的时刻减少用电的信息和激励。因此，电力公司每年花费数 10 亿美元来建设、维护和运行通常在极端天气或计划外的紧急情况下才使用的调峰电厂。研究表明，智能电网技术能更好地管理负荷高峰期的电力使用，每年可为消费者节省数 10 亿美元。智能电网技术可以在很广的范围帮助管理电能的使用，特别是在峰荷、供需快速变化、发输电设备故障等威胁系统可靠性或造成高电价的时候。高峰负荷可以通过需求响应来管理，包括刺激消费者在峰荷时段减少电能使用的电价机制。

（3）增加消费者自主权：报告指出智能电网技术能否成功应用取决于能否有效地让居民和小型企业的消费者参与，并采取相应的措施以保证消费者能够积极主动地支持智能电网技术。这些措施包括：采取能够让消费者收到有意义的智能电网信息以及受到相关教育的最佳手段，对消费者进行教育；制定相关的政策和战略，确保消费者可以通过一种标准的格式及时、准确、安全地获取、控制他们的电能消费信息；设计简单而实用的智能设备，确保消费者对设备操作容易、便捷；注重保护消费者电能使用的详细数据，获取消费者对智能电网技术的信任；由于智能电网技术将会带来的数据共享、新的电价结构和非自愿切断供电等问题，涉及和影响到隐私、公平、程序正当性和成本等方面，所以要加强通知信息和渠道建设，以及对账单争议权、停止供电和支付能力相关的健康和安全问题的考虑，保护消费者的权益。

（4）电网安全政策：为保护电力系统在受到网络攻击时是安全的，并确保当攻击威胁到国家安全和经济的时候电网能够恢复，必须实现智能电网技术的互操作性、隐私和安全性。报告中强调网络安全意识和标准是确保一个电网安全的关键。

以上四点构成了美国新能源政策的构架，对于美国 21 世纪的新能源政策具有积极的指导作用。

【案例2】 日本

众所周知，日本是一个能源短缺的国家。能源问题事关日本的经济发展乃至国家的生死存亡。为此，日本一直注重新能源的开发，并制定各项能源发展战略以确保能源长期可靠供应。

2009 年 7 月，日本发表了《i – Japan 战略 2015》规划，较详细地阐述了 ICT 领域的政策动向，号召全国以创新为原动力，放眼全球 ICT 市场，加速日本国家所持强项技术的研究开发，挖掘可以向世界延伸和有助于解决社会课题的日本专有技术。

2010 年 4 月，日本经济产业省（METI）启动"智慧能源共同体"计划（如图 9 - 1 所示），该计划涵盖能源、社会基础设施和智能电网等领域，主要包括两个项目。一个是"智慧城市"示范项目，在横滨、丰田、关西、北九州等四座城市具体实施（如图 9 - 2 所示）；另一个是"智慧能源网"示范项目（如图 9 - 3 所示），在东京、大阪试点部署。这两个项目将通过智能化的信息交换与控制系统，协调电力、热能与运输方面的能源使用，实现区域内不同来源的电力与热能的相互转换，进一步提高可再生能源在总能耗中的比重，以此作为履行 2020 年减排 25% 承诺的重要举措。

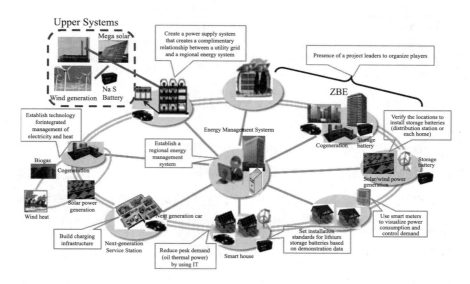

图 9 - 1　日本"智慧能源共同体"计划

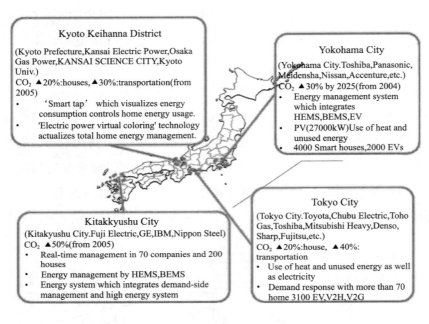

Kyoto Keihanna District

(Kyoto Prefecture,Kansai Electric Power,Osaka Gas Power,KANSAI SCIENCE CITY,Kyoto Univ.)
CO_2 ▲20%:houses, ▲30%:transportation(from 2005)
- 'Smart tap' which visualizes energy consumption controls home energy usage.
- 'Electric power virtual coloring' technology actualizes total home energy management.

Yokohama City

(Yokohama City.Toshiba,Panasonic, Meidensha,Nissan,Accenture,etc.)
CO_2 ▲30% by 2025(from 2004)
- Energy management system which integrates HEMS,BEMS,EV
- PV(27000kW)Use of heat and unused energy
- 4000 Smart houses,2000 EVs

Kitakkyushu City

(Kitakyushu City.Fuji Electric,GE,IBM,Nippon Steel)
CO_2 ▲50%(from 2005)
- Real-time management in 70 companies and 200 houses
- Energy management by HEMS,BEMS
- Energy system which integrates demand-side management and high energy system

Tokyo City

(Tokyo City.Toyota,Chubu Electric,Toho Gas,Toshiba,Mitsubishi Heavy,Denso, Sharp,Fujitsu,etc.)
CO_2 ▲20%:house, ▲40%: transportation
- Use of heat and unused energy as well as electricity
- Demand response with more than 70 home 3100 EV,V2H,V2G

图 9-2 日本"智慧城市"示范项目

日本四座城市（丰田市 Toyota City、横滨市 Yokohama City、北九州市 Kitakyushu City、关西科学城 Kansai Science City）计划通过协调电力、热能与运输方面的能源使用，降低它们的碳排放量，并增加对可再生能源的依赖。这四座城市采用的智慧能源系统，将超越美国以及其他国家正在实施的"智能电网（Smart Grid）"工程，承诺到 2030 年实现二氧化碳排放量削减 40% 的目标。

智能电网工程能够管理用电，日本的"智慧能源共同体"示范工程也能管理能源进行供热与运输。这项计划在某种程度上是由日本政府发起的，并且由包括丰田汽车公司、日产汽车公司、新日本制铁公司以及松下公司等几十家企业组成的联盟负责执行。

智能电网技术将帮助电网运营者容纳大量来自太阳以及其他可再生

能源的电量，比如，当空中有云层经过或者风的模式发生变化时，太阳能或风能的发电情况也会受到影响，这个信号就会被发送到智能用电设备上，进而使用电设备暂停运作或者降低它们的耗电量。在一个智慧能源共同体中，这种适应性也会扩展到对热能的管理上。

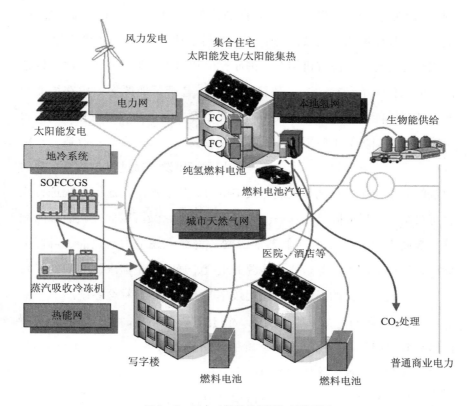

图9-3 日本"智慧能源网"示范项目

在这四座城市的示范工程中，这个系统的细节会有所不同。在丰田市和横滨市，上千辆丰田公司与日产公司出产的电动汽车将分别被整合到电网中，这些电动汽车将能够储存额外的可再生能源，当电网发电量下降时，能够将电返回电网。在北九州市，其重点将是氢燃料电池，这在某种程度上是因为新日本制铁公司已经经营了大量的氢燃料。关西科学城重点关注一种新型软件，使消费者可以看到并管理能源的使用，不过其系统也将会包含电动汽车以及太阳能光电板。

日本倡导并积极着手实施构建未来型城市基础设施"智慧能源网"，旨在打造提升环保性与安全性的分布式能源系统，将城市天然气、电力等大规模网络、高效热电联产、燃料电池等分布式能源与太阳能、太阳热等可再生能源有机结合，进而充分利用废热等未使用能源，构建能源的优化供给结构——"智慧能源网"。"智慧能源网"由在线能源服务及区域能源服务地域两大基础设施工程构成，充分利用并积极引入生物能、太阳热等未使用能源，对区域冷暖房中心进行更新改造，采纳各种合理性建议和想法，大力推进能源系统建设。通过将包括氢在内的前端的分布式能源系统与大规模集中电力、热能源的流通等系统进行充分有机结合，形成既可以提高能源的使用效率，又可以促进新能源的充分有效使用的新型系统。"智慧能源网"充分考虑电力与热能、可再生能源、清扫工厂废热等未使用能源的组合，通过多个需求侧之间的互联互通建立灵活优化的提升能源使用效率的下一代能源社会系统。

"智慧能源网"如果得以实现，将有效改善环境，提升因与大规模网络有效协调及能源供给多元化所带来的安全水平，并将对实现节能、低碳的社会发挥重要作用，做出巨大贡献。

在东京大学校园智慧能源改造项目中，本乡校区、驹场Ⅰ/Ⅱ校区、柏校区、白金校区等5个校区分布有大量的用电设备，由7家厂商的不同测量设备采集而来的相关电力数据合计约达到1000种。采用IEEE 1888对这些大量的多样化电力数据进行管理，以建筑物为单位，通过用电量"可视化"，可促进各处的自主自发节电及有效进行销峰填谷。系统图如图9-4所示。

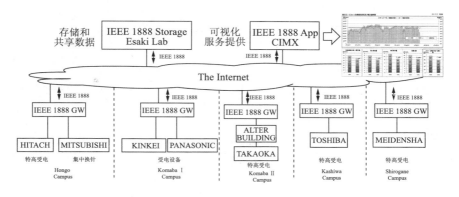

图9-4　东京大学部署系统图

系统从 2010 年开始部署，经过一年的实施，到 2011 年，5 个校区耗电峰值比 2010 年下降 31%，而耗电总量下降了 22%～25%，更让人意想不到的是仅仅用了不到一个月的时间，就收回了全部的改造投资成本。

在日本的东京工业大学的智能楼宇项目中，实现了基于 IEEE 1888 标准的创能、储能、节能系统。在环境学院科研楼的三面全部覆盖了不同型号的太阳能电池板，利用太阳能和燃料电池实现电能的自主供给，总发电量达到 650kW。其外观图和系统图如图9-5、图9-6 所示。

图9-5　日本东京工业大学职能楼宇项目外观图

153

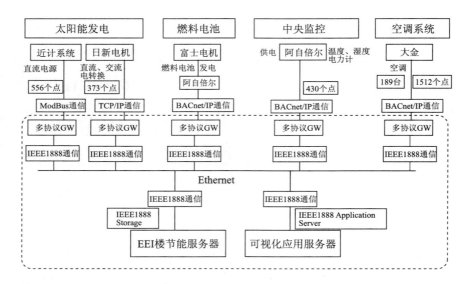

图 9 - 6   日本东京工业大学职能楼宇项目系统图

鉴于这套系统显著的节能效果，日本的鹿岛建设、微软总部等都采用 IEEE 1888 国际标准，用于楼宇能源的管理，数据中心的管理，并取得了良好的实践效果。

【案例3】 欧洲

在欧洲，ICT 部门占全部二氧化碳排放的 2% 。其中有 1.75% 是在使用 ICT 的产品与服务的过程中产生的，另外 0.25% 来自于它们的生产过程。

欧盟认为，ICT 在节能减排方面具有两项重要的作用。第一，ICT 技术能够提高能源的使用效率。通过监控与直接管理能源使用情况，ICT 可改善主要能源使用部门的使用效率，也可提供更具能源效率的商业模式、工作守则、生活模式。比如 ICT 可帮助欧盟实现电子商务、远程工作、电子政府等节能应用。此外，创新技术可协助减少能源浪费，如固态照明、精简型计算机、网格计算、虚拟化技术等。第二，ICT 可以提供量化基础。欧盟的实验发现，通过智能电表向顾客提供关于能源消耗量的量化信息，让民众了解实际能源的使用状况，可帮助减少至少10% 的能源消耗。

欧盟希望能运用 ICT 提供系统化的方式，衡量能源的使用，通过 ICT 技术实现节能减排的目的，并致力于在 2020 年达到节省 20% 的主要能源消耗，减少 20% 的温室气体排放量及提高 20% 的再生能源使用率。

为建设信息化、知识化社会，早在 2005 年，欧盟提出"i2010：欧洲信息社会 2010"五年发展规划，旨在完善欧盟现有的政策手段，推动数字经济的快速发展。该规划从 2007 年起将欧盟信息通信技术研发投资提高 80%，并明确：通过设立泛欧示范项目，对重点研究成果进行测试，以及让中小型企业更好地参与到欧盟的研究项目中等手段提高欧盟 ICT 研发的投入与产出。"i2010：欧洲信息社会 2010"五年规划是"里斯本战略"调整之后，欧盟委员会出台的第一份政策提案，旨在重点发展对欧盟生产力增长的贡献率达 40%，对欧盟 GDP 增长的贡献率达 25% 的 ICT 行业。

在"i2010：欧洲信息社会 2010"计划不断推进的过程中，欧盟委员会在 2009 年 3 月的沟通会议上重申了对节能减排的重视，并架构出各种运用 ICT 达成节能减排的政策框架：

（1）支持 ICT 节能措施的应用实施。考虑成立网站，让各公私企业及部门分享成功案例、经验及加速节能减排目标的相关信息。通过与区域理事会的合作，推行区域和地方的执行指南，借助创新的 ICT 应用，提升能源的使用效率。

（2）支持研发（R&D）。提供资金给高能效 ICT 项目，将智能电网、建筑、交通物流、固态照明等领域的 ICT 应用列为优先项目，加大投资比例，进行大规模、跨部门的共同合作与努力。

（3）支持创新。透过不断创新的 ICT 应用服务，促进欧洲向低碳经济转型，后续将更多投资于能耗和高速宽带网络，通过广泛的 ICT 应用服务给欧洲企业提供更多机会以赢得气候和能源挑战。

"i2010：欧洲信息社会 2010" 计划在五年的时间中顺利推进，在即将告一段落时，欧盟于 2009 年 9 月完成 "绿色知识社会（A Green Knowledge Society）" 报告，作为规划 2011 年到 2015 年欧盟政策的主要参考依据。"绿色知识社会" 报告中提出十项绿色议题，包括：（1）驱动未来财富成长的知识经济；（2）建立全民参与的知识社会；（3）建构支援生态效率经济的绿色 ICT；（4）发展平衡投资与竞争的基础建设；（5）鼓励社会资本的软性投资；（6）支持欧洲中小企业 ICT 的投资；（7）建立整合的欧洲知识社会；（8）革新 eGovernment 服务的传递；（9）建构安全可信赖的数位环境；（10）建立具体的政策领导方针。欧盟希望通过十大领域的全面推进，将 ICT 技术和产品应用于非 ICT 部门，以达到节能减排的效果。报告中进一步提出要把发展绿色 ICT 产业作为摆脱危机和实施可持续发展的战略选择，揭示了发展 ICT 的构想。

为实现到 2015 年把欧盟建设成为兼具创新和可持续发展的 "绿色知识社会" 的目标，欧盟委员会提出了利用 ICT 技术推动节能减排的若干建议，并特别揭示以绿色 ICT 建构生态效率经济（Eco – efficient economy）。

（1）注重 ICT 部门的自身能耗。ICT 技术对欧盟的整体生产力的贡献率达到 40%，但与此同时，ICT 产品在生产过程中以及提供服务的过程中所消耗的电能占到欧盟总消耗的 7.8%。鉴于 ICT 相关产品的使用量不断增加，耗能占比也将有所提高。预计到 2020 年将达到 10.5%。为此，在制定各项规章制度，包括 EuP（耗能产品环保设计指令）、能源之星计划时都应该从节约能源使用、减少对环境的危害以及可持续发展的角度出发。

（2）建筑节能。建筑物的能源消耗在欧盟总能耗中占有相当大的比重，达到 40%，其中电能消耗超过 50%。如果在建筑领域推行节能减排计划，将会产生到 2020 年减少欧盟 11% 能耗的效果。建筑领域引入 ICT 技术，建立衡量建筑物能源使用效率的系统。在 EuP 指令下，把节能、环保规范应用于建筑设计的能源管理系统、智能电表、固态照明及智能传感器等。

（3）交通运输节能。交通运输的能源消耗占欧盟总能耗的 26%，通过物流管理可以提高能源的使用效率。引入电子化航空货运和智能交通系统，采用 ICT 技术提高能效，同时降低对环境的污染。

（4）鼓励绿生活。使用智能电表为网络运营商、能源提供商以及消费者提供能源使用信息，实现远程监测与控制，让人们以新生活方式减少耗能及温室气体排放。在智能电网构建完成后，能源的管理和使用效率将再上一个台阶，更加降低对环境的污染与破坏。

（5）注重政府效应。通过法规鼓励使用绿色 ICT 产品并发挥政府部门领头羊作用，扩大对绿色 ICT 产品的采购，以拓展绿色 ICT 市场规模。建立绿色 ICT 欧盟办公室（EU Office of Green ICT）以协调 ICT 政策，排除绿色 ICT 发展障碍。推动欧洲投资银行（European Investment Bank）转型为欧洲绿色 ICT 重建银行，并设定资金融通范围与目标，提供长期资金融通，以培育绿色 ICT 部门。

在欧盟提出的建设绿色知识社会计划中，智慧城市占有相当重要的地位。欧洲城市的能源使用量占到了整个欧洲的 80%，GDP 占到 85%，建立智慧城市将会是欧洲实现可持续发展至关重要的一步。欧洲城市组织（Eurocities）在智慧城市方面也做出了很大的努力，该组织的《绿色数字宪章》就是智慧城市的一个很好的样例。《绿色数字宪章》设定

了如何利用 ICT 技术来提高能源利用效率。其主要目的是降低 ICT 本身
的排放。通过在宪章上签字，每个城市承诺到 2015 年要部署 5 次大型
试验，到 2010 年将 ICT 的碳排量直接减少 30 个百分点。

　　法国里昂是构建智慧城市的一个先行者和示范者。里昂市政府积极
和国际著名公司合作，从节能减排和绿色能源的角度考虑，积极建设大
规模智慧社区系统，采用新能源、可再生能源和节能技术，同时积极推
广新能源汽车的使用。

　　里昂市准备开发一系列示范性项目来推动节能减排项目的推广，主
要从三个方面着手：第一，建立光伏太阳能供电的建筑，并辅助采用节
能和可再生能源技术；第二，开发零排放交通运输基础设施，主要是大
规模采用太阳能充电的电动汽车；第三，通过采用智能电表来对区域内
的用电情况进行实时监控，达到充分利用效果。里昂职能社区项目规划
图如图 9-7 所示。

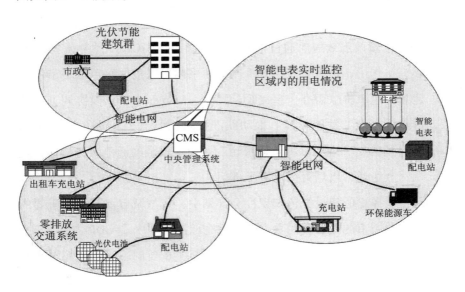

图 9-7　法国里昂智能社区项目规划图

第十章　国内应用实践

【案例1】 北京天地互连信息技术有限公司

北京天地互连信息技术有限公司（以下简称：天地互联）以"领航下一代互联网，让互联网惠及每个人"为企业愿景。十几年来，长期坚持以技术研发为核心，测试服务为基础，国际化、市场化为导向，不断积累优势资源与核心竞争力，专注于IPv6、SDN及IEEE 1888等下一代互联网核心技术，已成为全球领先的下一代互联网公共服务平台提供商。

当前，智慧能源作为节能环保和新一代信息技术融合的新兴产业，具有庞大的市场空间，正在我国乃至全球引发技术和产业革命。节能环保产业和新一代信息技术产业已被确立为我国七大战略性新兴产业的第一位和第二位。天地互连自2008年起，就联合中国电信、清华大学等开展基于ICT技术进行节能减排的研究工作，主导组建了标准化工作组，创建了IEEE 1888国际绿色节能标准。作为绿色ICT技术创新国际标准，IEEE 1888正是智慧能源的最佳拍档，是IEEE在绿色节能和物联网领域最具代表性的全球标准之一，为智慧能源的广泛推行实施提供了有力的保障。

打造智慧能源开放平台—— IEEE 1888开源协议栈

IEEE 1888开源协议栈是一种基于IEEE 1888的软件开发套件，适用于网关设备、储存器及应用程序，用于兼容、统一各种现场总线协议。开发套件最初由天地互连团队独立研发，主要分为网关套件、存储套件及应用套件三个部分，支持Linux、Windows、Android等主流操作系统，开发商可以通过套件及配套的开发指南和 Demo 样例轻松开发基于 IEEE 1888 的设备、产品及解决方案。

为推动智慧能源产业的快速发展，天地互连于 2013 年 12 月发起成立了 IEEE 1888 开源协议栈技术工作组，正式将开发套件源代码开放。工作组的主要成员包括天地互连、Intel、中国电信、清华大学、宝信软件等国内外知名企业、高校及科研机构。其中，开源协议栈的主要优势包括：

（1）开放性。IEEE 1888 开源协议栈允许任何网关设备厂商、存储服务提供商、应用系统开发商使用，支持 ARM、x86 等多种处理器芯片，显著的开放性使得协议栈可以拥有更多的开发者。

（2）泛在兼容性。在过去的很长一段时间内，智慧能源领域的很多技术标准受主流设备制造商的制约和影响，各种产品和方案之间难以做到互联互通，为用户单位的实施、维护及升级带来很大困扰。IEEE 1888 的泛在兼容性将在很大程度上解决这一问题，为用户带来更丰富的产品选择。

（3）方便开发。IEEE 1888 开源协议栈提供给第三方开发商一个十分宽泛、自由的环境，不会受到其他的约束和阻扰。

基于 IEEE 1888 开源协议栈，整合产品及设备提供商、解决方案提供商、大数据服务与运营商、节能服务提供商等，构建基于合同能源管理的商业模式。

- 终端厂商：基于智慧能源相关的芯片，提供以标准方式与智慧能源平台交互的终端设备；
- 网关厂商：提供将各子系统统一接入智慧能源系统的协议转换网关；

- 可视化服务提供商：为智慧能源相关的应用提供可视化服务；

- 数据分析提供商：以标准方式获取智慧能源相关的海量数据，提供数据挖掘和分析服务；

- 解决方案提供商：针对行业应用需求，特别是针对建筑、园区、工业等传统行业以及空调、电梯、照明、数据中心等应用领域的用户单位，定制标准化、模块化的完整解决方案；

- 大数据服务提供商：针对智慧能源相关的海量真实数据提供标准化的存储和读取服务；

- 节能服务提供商：基于智慧能源相关的海量数据和标准化的交互模式，设计节能策略，提供合同能源管理等节能服务；

- 第三方测试认证服务商：提供一致性测试、互通性测试、性能测试等第三方服务。

开展绿色能源项目实践——打造中国先进的绿色数字智慧园区

中关村软件园（ZPark）建成于 2000 年，具有完整的产业链和良好的产业环境，是国家软件产业基地、国家软件出口基地和北京市文化创意产业集聚区。但由于建成较早，照明及空调等相关设备已显陈旧落后，既不符合节能减排的要求，耗电量年年增加，也不能遏止日益增长的管理成本。如何实现绿色环保、智能控制成为当务之急。

为满足中关村软件园绿色环保、智能控制的迫切需求，天地互连充分利用其自身优势和在业界的领导地位，部署实施了由网络设备、无线传感器、照明及控制设备、楼宇空调控制设备、智能电表、IP 摄像机、平台模块、数据测量、可视化软件等通信、网络、硬件、软件等所集成的代表当前世界最先进水平的产品及综合解决方案。本应用案例包括了部署支持 IEEE 1888 的智能电表、太阳能发电和储能设备，支持 IEEE 1888 的照明改造、空调改造、电梯改造、景观灯改造，IEEE 1888 网关、存储、智能分析平台、可视化界面的开发和部署，IDC 节能解决方案、环境监测等等。

此次楼宇改造的技术亮点在以下方面充分得以体现：（1）智能控制：通过各种传感器和控制设备，及时有效监控，实现智能管理。（2）数据采集：及时精准采集各种数据，为制定应对策略提供实时参考信息。（3）统计计量：通过智能电表实现远程抄表，避免产生不必要的管理运营成本。（4）远程操作：无需亲临现场也可有效分析，轻松实施各种应对策略。（5）可视化操作界面：人性化界面实时掌控最新动态。

本案例实施后，与上年同期相比，以小时、日期、周为单位的各项能耗指标均实现了超过 20% 的节能效果。此次，由于使用了 LED 等环保新材料，CO_2 排放量减少 85%，与传统照明器具相比因不含铅、汞等有害物质，无任何污染，对环境十分友好。既实现节能减排，又兼顾绿色环保，用户对此十分满意。

此外，由于实现了远程可视化操作和智能控制，大幅提高效率，降低了近 50% 的管理成本。以人为本的可视化操作界面一目了然，操作起来轻松自如，维护也十分简单易行，因此得到了用户的好评。

搭建 IEEE 1888 验证测试服务平台

天地互连 IEEE 1888 验证测试服务平台建设有完整、独立的 IEEE 1888 仿真模拟环境，可以提供 IEEE 1888 标准的产品验证、测试、认证、培训及咨询服务。

验证测试服务平台为智慧能源行业用户提供网关设备、存储产品、应用程序解决方案的模拟验证服务，平台可以为单一用户提供完整方案的仿真模拟环境，以使得用户可以在最小的资金及技术投入前提下，在产业链完整解决方案中研发自身产品，验证测试服务平台框图如图10-1所示。

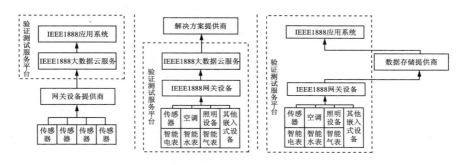

图 10 -1　验证测试服务平台框图

验证测试服务平台还可以为 IEEE 1888 产品提供商提供产品的一致性和互通性测试，以保证用户的产品可以和其他厂商的产品在基于 IEEE 1888 的解决方案中实现互联互通，测试认证流程图如图 10 - 2 所示。

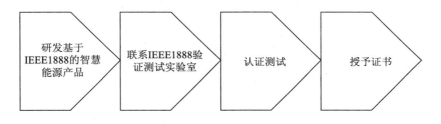

图 10 -2　测试认证流程图

牵头成立智慧能源产业创新战略联盟

为推进 IEEE 1888 的大规模产业化应用，建立成熟的产业链，形成健全的生态体系，天地互连联合全国节能减排标准化技术联盟于 2013 年 11 月成立了智慧能源产业创新战略联盟，基于互联网开放体系，综合利用大数据、云计算、物联网、IPv6 等信息通信技术对各种创能、储能、用能系统进行监测控制、操作运营、能效管理并向客户提供节能服务，通过节能环保和信息消费的跨界融合，衍生出新模式、新服务、新业态。该联盟旨在以联盟标准和 IEEE 1888 智慧能源标准为基础，基于互联网开放模式，提供智慧能源开放平台，融合传统垂直产业链，在产业链各环节提供标准化的产品和服务，从而发挥对产业发展的引领作用。智慧能源产业链如图 10 - 3 所示。

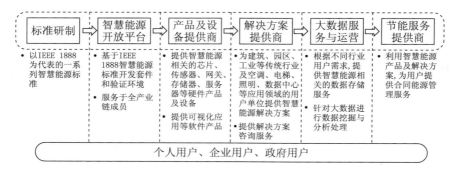

图 10 - 3　基于 IEEE 1888 的智慧能源产业链

产业链将涵盖标准研制、智慧能源开放平台、产品及设备提供商、解决方案提供商、大数据服务与运营及节能服务提供商等各个环节，产业链将最终服务于个人用户、企业用户及政府用户。通过产业集聚，领域分工，交叉合作的产业链模式，来达到延伸丰富产业链的目的。

2013 年 11 月 15 日，以"智慧能源：节能环保和新一代信息技术融合"为主题的第三届中国节能减排标准化技术论坛暨智慧能源国际峰会隆重召开。此次峰会由全国节能减排标准化技术联盟和智慧能源产业技术创新战略联盟主办，近 300 位行业专家对智慧能源产业深入研讨，并以智慧能源产业技术创新战略联盟开放平台和 IEEE 1888 标准为依托，大力推动中国乃至全球智慧能源的发展。目前，由中国企业主导，全球知名厂商广泛参与的 IEEE 1888 智慧能源标准，已经成为全球智慧能源领域最具影响力的国际标准之一。

【案例2】 杭州哲达科技股份有限公司

杭州哲达科技股份有限公司（ZETA）（以下简称：哲达科技）是中国领先的流体节能服务商，专业提供自主知识产权的智慧流体节能产品与服务，并荣获 2013 年国家科学技术进步一等奖（见图 10-4）。

多年来，哲达科技一直专注于为用户提供高品质的智慧节能产品与系统节能解决方案，包括：高炉煤气余热发电优化控制系统、工业循环水系统节能优化运行技术、风机系统节能增效集成技术、压缩空气系统节能优化运行技术、工业余热能量综合回收利用技术、空调系统智慧节能集成技术、区域供热系统节能集成技术。

哲达科技坚信"最绿色的能源是节约下来的能源"，坚持以"智慧流体+

图 10-4 哲达科技荣获 2013 年
国家科学技术进步一等奖

智慧能源"为发展方向，以"产品＋节能服务"为发展模式，持续专注于最绿色能源的制造，为建设美丽中国做出贡献。

哲达科技是以研发见长的国家火炬计划重点高新技术企业和软件企业，拥有一支技术精湛、懂经营、善管理的高学历专业团队，以浙江大学、厦门大学、UC BEKELEY 等著名大学的相关专业为依托，同时与西门子（SIEMENS）、施耐德（Schneider）等国际知名公司建立了长期合作伙伴关系，进行产学研用的国际合作，不断引进最新节能技术，推出具有自主产权的高新科技产品，使公司在国内节能服务行业中处于技术领航者地位。

哲达科技目前是中国节能协会节能服务产业委员会（EMCA）副主任委员单位、中国节能企业联合会副会长单位、浙江省仪器仪表协会节能减排与监测控制专业委员会主任单位、中国机械工程学会流体工程分会风机专业委员会委员单位、中国土木工程学会智能建筑与楼宇自动化副主任委员单位、浙江省高新技术企业协会副理事长单位等。同时获得的荣誉有：浙江省级企业技术中心（流体节能）、浙江省级高新技术企业研究开发中心（哲达科技流体节能）、浙江省级中小企业省级技术中心、浙江省创新型试点企业、浙江省产学研合作示范企业、浙江省重点创新团队、浙江省专利示范企业、浙江省重点培育中小企业、中国节能产业最具成长性企业、浙江省节能研究与推广应用重点示范企业等。

哲达科技于 2005 年通过了 GB/T 19001—2000（idt ISO 9001：2000）质量管理体系认证，是流体节能行业国内首家通过该认证的企业。

超高效智慧空压站集成系统

1. 系统简介

超高效智慧空压站集成系统是哲达科技为压缩空气系统提供专属的

集成优化技术，是哲达科技 2013 年度国家科技进步一等奖的重要组成部分。

该系统包括三个子系统：

（1）压缩机智慧群控子系统，合理配置压缩机的运行方式，在输入能量极小化的基础上，实现多变工况下系统压缩空气的按需供给。

（2）压缩机余热综合回用子系统，在充分利用压缩空气余热，确保压缩空气压力露点达标的同时，大幅度削减干燥过程气耗及能耗；对压缩余热进行梯级利用，如实现工艺伴热、生活用热水供给或者用于供热。

（3）压缩空气用能智慧管理子系统，实现复杂压缩空气系统运行能耗及运行性能的可视化监控，进行压缩空气流程系统运行优化控制，并为用户提供压缩空气用能管控平台。

超高效智慧空压机集成系统可应用于钢铁、石油、化工、化纤、纺织、电力、电子制造、机械加工、汽车、轮胎、橡胶、半导体、食品、水泥、造纸等制造领域的空压机系统。

2. 系统架构

超高效智慧空压机集成系统，与传统的压缩空气系统控制技术相比，具有显著节能优势，综合节能率 20% ～35%，系统架构图及节能效果如图 10 – 5、图 10 – 6 所示。

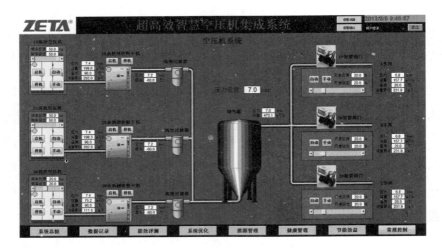

图 10 −5　超高效智慧空压机集成系统架构图

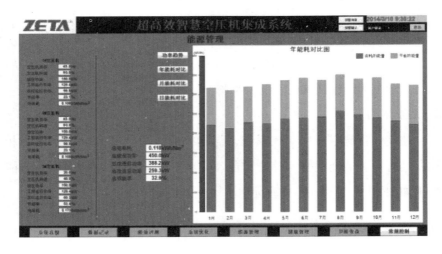

图 10 −6　超高效智慧空压机集成系统节能效果图

3. 典型应用

本节将介绍此空压站集成系统在钢铁行业、化工行业、电子行业的应用情况。

（1）钢铁行业：某钢铁集团一空站的空压系统节能改造

1）基本情况

3 台 $40m^3$ 活塞机，改造前，电单耗为 $165kW/1000m^3$。

2）存在问题

设计工况与运行工况差异，主机设备低效运行；

主机运行加卸载不同步，缺乏有效群控；

压缩空气干燥采用能耗高的无热干燥机；

运行缺乏有效的能源管控。

3）改造技术

主机高效化技术；

系统智能群控技术；

零气耗余热再生干燥机技术；

压缩空气系统用能智慧管控技术。

4）节能效果

节能率达到 42%。

图 10 - 7 为改造后的系统现场图。

图 10 - 7 系统改造现场图

（2）化工行业：江苏某化工集团空压系统节能改造

1）基本情况

空压站内有 13 台活塞压缩机，其中 250kW 活塞机 6 台，160kW 活塞机 7 台。日常运行 6 台 250kW 活塞机，4 台 160kW 活塞机，名义输入功率 2140kW。

2）存在问题

由于设备本身的问题，其运行效率低下；

压缩机运行加卸载不同步，缺乏有效群控；

循环冷却水大余量运行，大马拉小车；

压缩空气运行用能缺乏有效管控。

3）改造技术

空压机智能群控技术：对所有空压机实行智能群控；

智能高效输配技术：输配管网进行智慧稳流改造；

循环冷却系统节能技术：循环冷却水自适应高效控制改造；

压缩空气系统用能智慧管控技术。

4）节能效果

该系统改造节能率为 26%。

（3）电子行业：上海某国际光电材料公司空压系统改造

1）存在问题

主机未进行有效的群控，加卸载频繁；

压缩空气干燥采用高气耗和高能耗的无热干燥机；

压缩空气系统缺乏用能管控系统。

2）改造技术

零气耗余热再生干燥机改造，新增 4 套零气耗余热干燥机；

空压机智能群控技术：对所有空压机实行智能群控；

压缩空气系统用能智慧管控技术。

3）节能效果

年化节能率达到 20%。

超高效智慧水泵站集成系统

1. 系统简介

超高效智慧水泵站集成系统是哲达科技为水（或类似液态）系统提供专属的集成控制优化技术，是哲达科技 2013 年度国家科技进步一等奖的重要组成部分。该系统基于对泵组的智慧群控，以提高各泵运行效率为目标，从而实现泵组整体高效运行。由于水泵大小不同或者相同水泵运行状态不同，会造成高效工况点有所差异。超高效智慧水泵集成系统通过水泵能效分析设备及配套的专业算法，实时分析水泵的效率，通过泵阀一体化技术和能效追踪技术，合理控制各台水泵出口流量和扬程，在满足终端需求的情况下，使各水泵运行在最高效工况点，降低水泵的输入功率。

超高效智慧水泵站集成系统应用于冶金、石化、电力、化工、化纤、医药、楼宇中央空调和城镇区域供热等领域。

2. 系统架构

超高效智慧水泵站集成系统，与传统的水泵运行和调节方式相比，具有显著节能优势，综合节能率 20% ~45%，其系统架构及节能效果图如图 10 - 8、图 10 - 9 所示。

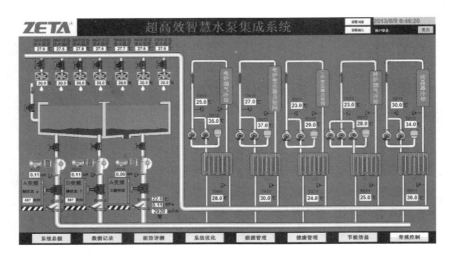

图 10 –8　超高效智慧水泵站集成系统架构图

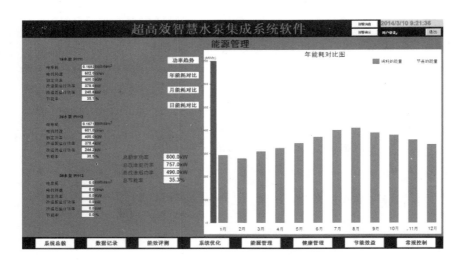

图 10 –9　超高效智慧水泵集成系统节能效果图

3. 典型应用

甘肃某钢铁集团公司不锈钢二期软环泵站配置了 3 台 630kW 水泵，采用 2 用 1 备的运行模式，终端用户为 14 台板式换热器，改造前，原系统存在的突出问题如下：

（1）终端用户间存在严重的水力失调和热力失调；

（2）未能实现不同季节和不同负荷下的循环水按需供给和按需分配的目标；

（3）水泵实际运行工况点偏离高效区间；

（4）冷却塔的冷却效率没有最优化。

改造时，采用了以下超高效智慧水泵技术：

（1）智能平衡高效输配技术；

（2）基于终端温控的泵阀一体智能运行优化技术；

（3）多参数补偿的冷却塔优化运行技术；

（4）工业循环水流程智慧能源管控技术。

不锈钢二期软环泵站冷媒水系统在应用此技术后，不仅实现了各终端的水力平衡和流量按需分配，而且实现整个系统能效最优化，综合节能率达40%～60%。

超高效智慧风机集成系统

1. 系统简介

超高效智慧风机集成系统是哲达科技为风机系统提供专属的集成控制系统，是哲达科技2013年度国家科技进步一等奖的重要组成部分。该系统通过风机变频阀门一体化控制、自适应防喘振安全控制、风机运行能效优化和系统能耗监控管理等关键技术，提高风机系统的整体能效，达到综合节能目标。

超高效智慧风机集成系统应用于钢铁、石化、电力、化工、化纤、医药和冶金等行业的鼓风机、引风机、除尘风机、冷却风机等系统。

2. 系统架构

超高效智慧风机集成系统，与传统的风机控制技术相比，具有显著节能优势。系统架构图和节能效果图如图 10 - 10、图 10 - 11 所示。

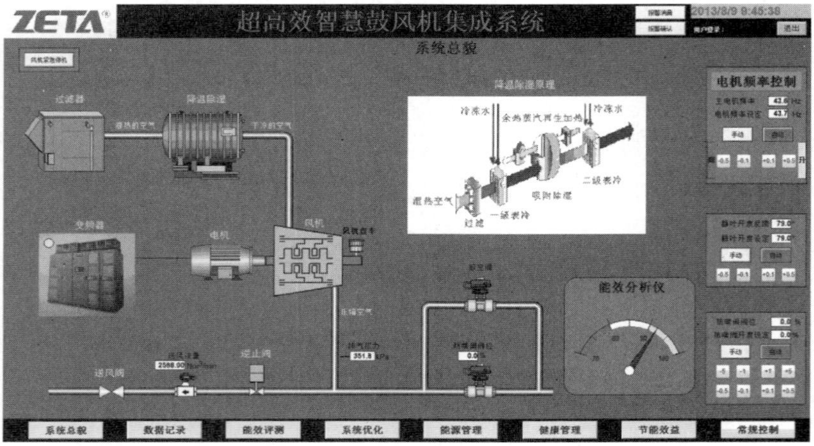

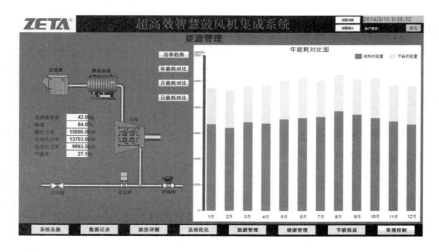

图 10 - 10　超高效智慧风机集成系统架构图

图 10 - 11　超高效智慧风机集成系统节能效果图

3. 典型应用

唐山某钢铁竖炉冷却风机、煤气加压风机系统。流程配备 630kW、

250kW 电机的鼓风机，改造前系统采用风机工频运转配合进口风门调节的传统方法运行。采用了以下超高效智慧风机子技术实现节能改造：

（1）风机的变频阀门一体化控制技术；

（2）风机的综合能效优化运行技术。

最终实现系统节能率25%。

超高效智慧冷冻站集成系统

1. 系统简介

超高效智慧冷冻站集成系统是哲达科技专门为中央空调系统冷冻站提供专属的集成优化控制系统，是哲达科技2013年度国家科技进步一等奖的重要组成部分。该系统通过构建负荷预测、多目标优化冷冻站的影响因素模型，可大幅降低冷冻站的电单耗，保证冷冻站的最优运行，提高中央空调系统冷冻站的能效。

超高效智慧冷冻站集成系统不仅可以用于医院、酒店、商场、车站和机场等大型建筑物的舒适性中央空调系统，还可以用于纺织、电子、化工和冶金等工艺性空调系统。通过对中央空调系统冷冻站的集成控制，实现中央空调系统的最优运行。

2. 系统架构

超高效智慧冷冻站集成系统与传统的控制技术、水泵变频技术等相比，具有显著节能优势。超高效智慧冷冻站集成冷热源高效匹配智造技术、System COP 最优化运行技术、物联网智慧能源管控技术等核心技术，综合能源效率提高20%~35%。

【案例3】中国电信股份有限公司北京研究院

中国电信股份有限公司北京研究院（以下简称：北京研究院）是

中国电信集团公司于2001年4月18日挂牌成立的科研机构，旨在成为集团公司以及各省级公司的企业决策智库、技术创新引擎和产品创新孵化器。

在中国电信节能减排商务服务研发背景下，北京研究院开始致力于绿色ICT技术的研究工作，并推动中国电信于2008年和天地互连、北京城建院、清华大学、北京交通大学发起成立IEEE 1888工作组。目前，北京研究院在绿色ICT领域积累了丰富的技术研究经验与实施经验：在不断完善标准体系的同时，深入研发框架技术与应用原型，并陆续开展绿色供水、绿色园区等应用示范，尝试开展跨域应用示范，全力推动产业发展。

青岛市重点用能单位能耗动态监管系统

"青岛市重点用能单位能耗动态监管系统"依托计算机网络技术、通信技术、计量控制技术等信息化技术，实现能源与节能管理的数字化、网络化和可视化，建立能源基础数据体系和一套科学完善的能源利用监督评价体系，创新能源监督管理模式。

系统的实施可实现对企业能源消耗数据及时、快速和准确的动态监测，将监测数据与各项约束性指标进行对比，自动分析对标结果，发现异常现象进行自动报警实现政府对企业的有效监管；根据分析企业历史用能数据，生成趋势图，帮助企业预测未来一段时间的能耗情况，根据异常状况或趋势提出节能达标预警和能源储备预警，实现政府对企业合理用能的有效指导；系统通过对能耗情况、消费结构、单耗指标计算、节能量等数据进行统计汇总分析，可自动生成某段时间（可定义）监管区域内相关行业总体用能情况的分析报告，为政府督查全市重点耗能单位节能降耗指标完成情况、科学制定节能监管决策提供多方位、可视化的数据信息查询和决策支持服务；系统利用分析后的数据根据节能法规及节能监测标准进行科学的专家咨询决策，为企业节能提供了方向，并通过多角度数据汇总分析，为企业自主检测、自主对比、自主节能提供帮助。

该系统是全国首个集能源统计、汇总、分析、评估、预测于一体的能源管理系统，具有强大的汇总分析、水平识别、预测预警等功能，系统综合技术已经达到国际先进水平，开辟了节能信息化的新时代。

1. 系统架构

（1）通信网络系统

动态能耗监管系统整个网络的总体拓扑结构如图 10 - 12 所示。

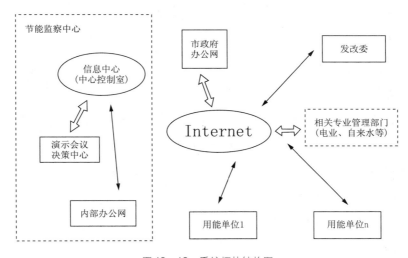

图 10 - 12　系统拓扑结构图

系统网络可分为节能信息中心网络、通信网络和外部节点。

（2）多协议智能数据采集网关

数据采集系统的架构图如图 10 - 13 所示，系统引入了多协议智能数据采集网关。

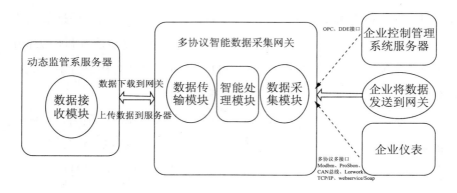

图 10 - 13　数据采集架构图

从企业的生产控制系统按照 OPC 方式采集能源消耗数据并导入智能网关。企业管理系统如 ERP 中涉及的能源消耗数据可以通过标准接口导入智能网关。

从企业生产现场数字仪表中实时采集能源消耗数据（水、电、汽、油、煤等）导入智能网关。

企业可以自行把能源消耗数据通过标准数据协议发送到智能网关。

智能网关通过无线或有线的方式把企业能源消耗和其他生产数据实时远程传输到动态监管系统中。

（3）系统逻辑结构

系统逻辑结构如图 10 - 14 所示。

（4）软件系统

软件系统分为：信息中心版、用能单位版。软件系统组成结构图如图 10 - 15 所示。

系统采用具有自主产权的多协议网关实现各行业企业能耗数据的实时采集；利用先进的数学建模技术建立预测和预警模型、数据仓库和数据挖掘等理论方法和技术，实现能耗数据的预测、预警和综合的统计分析。系统架构采用多层设计，从逻辑结构上分用户界面层、业务逻辑层、数据访问层、数据层，保证系统的可维护性和高扩展性。

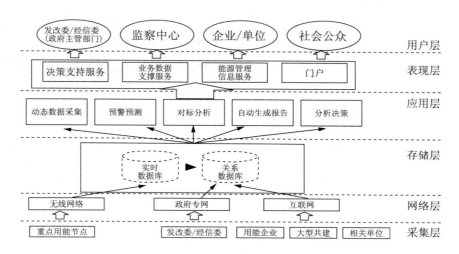

图 10 –14　系统逻辑结构

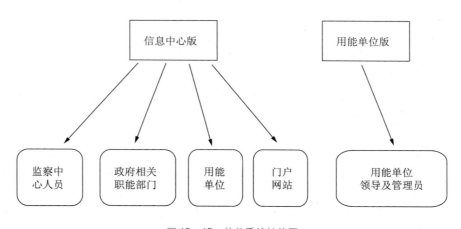

图 10 –15　软件系统结构图

2. 关键技术

能源数据采集网关产品是实现动态监测的保证。能源数据采集网关

179

是集数据采集、数据传输、数据接收于一体的软硬件整合产品，该产品的研发成功使大范围的企业能源数据实时采集成为可能，从而真正实现重点用能单位能耗动态监管。统计分析系统 SAS 则为实现预警、预测、异常分析、决策支持等提供技术支撑。SAS 可以作为独立桌面应用程序解决数据统计分析、预测、优化、数据挖掘等问题，同时可嵌入到各种具有数据分析需求的系统软件中，与数据库相连接实现相应的功能，是目前行业领先的系统开发技术。基于微软 .NET 平台技术，采用多层架构，模块化、组件化设计。采用 B/S 结构，可方便灵活地通过 Internet 使用。应用强大的数据库平台，使数据的整合和分析更加灵活、方便。

本方案有以下几点优势：

（1）项目采用具有多协议网关和 SAS 系统，利用先进的数学建模技术建立预测和预警模型、数据仓库和数据挖掘等理论方法和技术；

（2）采用多层设计，从逻辑结构上分为四层，实现能耗数据的实时采集、预测、预警和综合的统计分析，实现对区域内能源消耗数据及时、快速、准确的监测，为管理部门提供直观、简明、快捷的数据信息查询和决策支持服务；

（3）面对不同用户群，提供不同的数据上报方案，采用可定制的界面内容和形式，满足预期发展需要；

（4）数据采集上报模块在国内率先实现实时性、准确性要求，其功能设计全面、灵活，架构设计合理，具有良好的通用性、可集成性和易扩展性，全面融合现代技术领先的软硬件产品，构成理想的用户化应用系统。

3. 经济社会效益及推广前景

通过该系统的实施，实现对全市能源消耗数据及时、快速和准确的监测，实现科学分析、预测和预警，并通过门户网站、无线终端等手段为政府决策提供了多方位、可视化的数据信息查询和决策支持服务，同时帮助企业查找自身存在的问题，达到科学用能的目的。

按照区域统计年度产值单耗、产品单耗、目标节能量，同时可查询区域内每一家企业实际节能量及目标节能量。每月对重点指标进行异常分析，并且可以从行业、区域、重点类型等不同角度展示指标异常情况，最终可溯源分析到每一家企业，以便查找可能产生异常情况的原始数据。

系统为政府管理部门提供直观、简明、快捷的数据信息查询和决策支持服务和信息共享；为企业管理层实现能源消耗情况的动态数据监测和节能决策技术服务。及时发现企业发展过程中的问题，以便于企业及时解决，充分挖掘企业的节能潜力。

采用智能技术组建数据库、构建智能化的能耗信息管理系统，实现对青岛市重点用能单位能源利用状况进行实时、准确的动态监管，以现代技术手段加强节能管理，加大节能监管力度，提高政府和企业节能工作的管理水平。

具体而言，该系统建设的主要功能是对青岛市重点用能单位（首期92家）的能源消耗情况（包括煤、电、油、气、水、热等）进行采集、上报、汇总与分析，并生成动态的数据曲线和报表，以及利用分析后的数据根据节能法规及节能监测标准与办法进行科学的专家咨询决策，自动的产生针对不同企业问题的解决方案，帮助企业科学的利用能源，以达到节能的目的。

通过该系统的实施，实现对全市能源消耗数据的及时、快速和准确的监测，以及科学分析、预测和预警功能，并通过门户网站、无线终端等手段为市领导以及相关委办局提供了多方位、可视化的便捷服务。

该系统是全国首个集能源统计、汇总、分析、评估、预测于一体的能源管理系统，具有强大的汇总分析、水平识别、预测预警等功能，系统综合技术已经达到国际先进水平，开辟了节能信息化的新时代。

山东师范大学能耗监管平台

山东师范大学节能监管平台的建设，旨在建立针对整个学校的节能监管中心，监管范围覆盖到校本部和长清校区，实现对校园各建筑的用电、用水、供暖的分技分项监控。在实现电能的一级计量外，将对办公单位、教学科研单位进行用电三级监测，监测到科室、部门、房间并对照明、空调、插座和动力等用电进行分项计量；对全校建筑实现回水和供暖的楼总计量；对教学楼实现照明控制。实现水电暖监测点位 2436 个，用电监测点 2236 个，用水监测点 116 个，用暖监测点 84 个。

该项目以节约水、电、冷（空调）、暖（暖气）等各类资源为出发点，在节约和管理两个层面采用最新的通信技术、计算机网络技术、工业自动化技术、新型传感器技术、现代节能技术和软件工程技术，着力打造综合性的校园建筑节能监管平台，通过对校园内用电、用水、用热等多种用能设备的集中控制和管理，实现学校能源管理现代化，达到减少浪费、节约能源的目的，为"节约型校园建设"奠定坚实的基础。

1. 系统架构

本项目基于面向服务的 SOA 架构，具有多系统集成架构体系，可通过权限管理，允许授权用户以网页形式登录（B/S 应用模式），在任何地点在接入网络的情况下，查询、管理系统信息，实施平台功能；并基于 WebService 技术为校区用电监测系统、校区用暖监测系统、配电室低压配电监测系统、路灯节电监控系统、教室照明节电控制系统等功能拓展的一系列应用提供一体化的数据采集、数据收发、数据处理、数据上报、系统监测等系统服务。

系统整体架构分为五个层次，自下而上分别是：数据采集层、数据管理层、系统服务层、系统应用层、功能展现层，如图 10 – 16 所示。

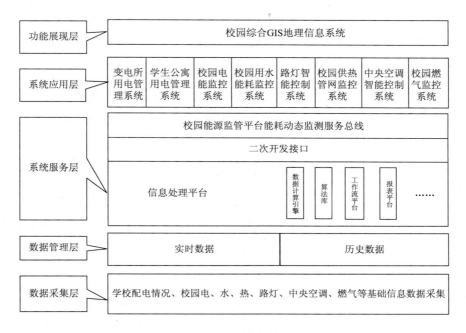

图 10 –16   系统架构图

2. 使用的核心产品

山东师范大学节能监管平台采用中国电信和合作伙伴联合开发的核心产品"园区建筑能源管理平台"设计而成，该平台已具备过亿元的应用业绩，平台对山东师范大学的节能监管提供全面的开发、实施、配置、应用和运维支持。

（1）开发支持：节能监管平台制定技术架构规范，开发人员遵守架构要求开发业务模块，可以被平台的实施、配置、运维工具所识别、相互协作、形成统一的产品；另外，平台提供的基础模块或类库可以被开发人员调用，减少开发工作量。

（2）实施支持：平台提供具有图形化界面的实施工具，使实施人员能够根据客户要求快速定制功能模块，简化项目的实施过程。

（3）配置支持：提供配置工具，对产品的配置项进行统一管理，方便调整系统功能、提升灵活性。

（4）应用支持：应用平台提供的所有业务功能模块。

（5）运维支持：平台提供运维子系统，将系统运行监测信息整合在一起，便于客户系统管理员实时了解系统运行状况，排除系统问题。

3. 关键技术

（1）IEEE 1888 绿色节能标准应用

中国电信作为 IEEE 1888 标准的发起方，联合合作伙伴将基于网络的接入认证、加密、安全应用标准应用于山东师范大学节能监管平台，实现了校园能耗监控与国际化应用接轨。

（2）国际标准实时数据管理体系应用

该平台的数据管理基于国际知名的 Wonderware Historian 历史数据库，该系统是一个用于 SCADA 或者现场能源数据的高绩效实时和历史数据库。它将关系数据库强大的功能性和灵活性与实时系统的速度和高压缩比结合在一起，针对校园能源监管，实现办公室和现场的集成，可提供稳定的数据存储和数据来源，同时具有强大的功能性和灵活性。

该平台具有多系统集成架构体系，其优势显著：

1）层次分明、结构清晰。系统各层之间职责清晰、接口明确，利于系统扩展和整合。基于接口设计，系统更加灵活。

2）统一规划、信息共享。多个校园能源监管系统应用构建同一公用平台，功能模块经过统一的规划、提炼，可实现优势信息共享。

3）标准开放、易于扩展。平台各层之间通讯采用开放的工业标准，既保证系统内部的标准化，也保证与其他系统通讯的开放性。

4）按需组装、自由定制。采用 SOA 架构，应用都以服务的形式存在，便于组装定制。

系统提供统一配置平台，可实现平台能源相关指标参数的统一、便捷配置，如指标公式、参数变比以及相关配置内容的集成化管理，能够根据用户需求快速实施。

4. 经济社会效益及推广前景

通过本项目的实施，产生的效益如下：

（1）通过照明节能专项措施，以在线监测手段和远程控制管理措施，有效避免教室白天开灯、无人开灯、人少大面积开灯等电力空耗现象；

（2）利用调度优化策略，管理部门可根据课程安排，按学生人数分层分区开放教室；

（3）通过三级计量的推广，实现分级分项计量，采取有效措施监控多媒体设备使用状况，减少空开或待机电耗，并严格管理计算机房设备，采取措施减少待机电耗；

（4）对于办公建筑用能管理，通过动态监测设备开关状态，减少待机电耗，并可通过智能控制线板实现办公室用电设备（计算机、打印机、饮水机等）运行节能或及时关机；

（5）结合人体感应及温度监测方式，促进空调的合理使用，准确控制室内制冷温度在 26℃以上，制热温度应在 20℃以下；下班前半小时提早关闭空调，室内无人时应关闭空调电源；

（6）对于办公照明场所，充分利用自然光照，少开灯；人少时少开灯；离开办公室 1 小时以上或下班后要关闭照明电源。

【案例4】 上海宝信软件股份有限公司

上海宝信软件股份有限公司（以下简称：宝信软件）系宝钢股份控股的软件企业，于2001年4月上市，是国家规划布局内重点软件企业。宝信软件全面提供企业信息化，自动化系统集成及运维，产品与服务涵盖钢铁、交通、服务外包、采掘、有色、石化、装备制造（含造船）、资源、金融、公共服务等多个行业。

宝信软件依托IEEE 1888标准与智慧能源联盟开放平台，已经打造了先进完备的面向物联网、智慧城市的综合应用套件——"宝之慧"（BaoSmart），提供面向多领域的全面综合智慧能源解决方案，可实现数据采集、数据存储、数据展示、数据分析和数据发布。

宝之慧全面支持 IEEE 1888

宝之慧全面支持IEEE 1888，宝信工业通信网关iCentroGate对应IEEE 1888体系中的网关，宝信高性能实时数据库iHyperDB对应IEEE 1888体系中的存储器，宝信一体化监控指挥平台iCentroView等上层监控与应用软件对应IEEE 1888体系中的应用。基于IEEE 1888标准可以建立统一标准体系，各产品支持IEEE 1888标准协议，遵循IEEE 1888标准所规范的通信协议进行信息交互，减少系统集成和互操作性的成本，方便与各种设备的对接。基于智慧能源开放平台，已完成开发工作，形成全面支持IEEE 1888标准的产品应用，如图10-17所示。

以办公楼宇能耗管理为例说明。楼宇的空调、照明等能耗设备以及区域内不同来源的传感器设备接入网络，通过管控中心综合管理。工业通信网关iCentroGate可将原来的变配电系统、楼宇自控、空调、照明、

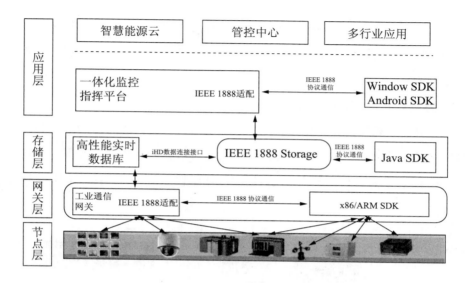

图 10－17　宝之慧与 IEEE 1888

传感器设备等不同通信方式，转换成 IEEE 1888 国际通用标准，采集的实时数据可直接转发到 iHyperDB 高性能实时数据库中，一体化监控指挥平台 iCentroView 内置的 IEEE 1888 驱动也可直接采集网关或者支持 IEEE 1888 协议设备的数据，并且实现设备能耗的可视化与自动控制。在保证数据安全性的前提下，建立统一的能源管理平台，比如"智慧能源云"服务平台，节省系统软硬件投入，通过扁平化体系架构，方便后期拓展和维护。

宝信智慧能源云

宝信智慧能源云 iPowerCloud，是宝信软件利用 IEEE 1888 开发包，实现对 IEEE 1888 协议支持的一套基于云的智慧能源服务解决方案，主要面向企业用户，提供用能设备监测、分项计量用能与成本分析，以及相关的管理服务。通过制定节能策略降低企业碳排放，提高企业节能管

187

理水平，实现降低管理成本增加综合效益的目的，适用于办公建筑、商场建筑、宾馆饭店建筑、医疗卫生建筑、综合建筑、工厂等监护的能源云管理。

1. 方案对 IEEE 1888 的支持

宝信能源云服务需在要监测的建筑物中安装或利用已有的分类和分项能耗计量装置，采用远程传输等手段及时采集能耗数据，实现建筑物能耗的在线监测和动态分析功能。宝信智慧能源云架构如图 10 – 18 所示。

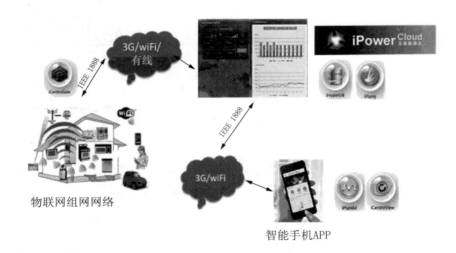

图 10 –18 宝信智慧能源云架构

能源数据的采集是能源管理中的一个基本问题。智慧能源云既可以使用支持 IEEE 1888 协议的 iCentroGate 物联网网关，也可以使用支持 IEEE 1888 协议或智慧云自定义协议的其他网关。各采集网关通过局域网接入因特网，或通过 3G/GPRS 直接接入因特网，将能耗数据上传到智慧云数据中心，实现各类计量仪表数据的接入。

在数据存储层，智慧能源云服务采用宝信高性能实时数据库 iHyperDB，解决了大量能耗原始数据的快速存储及大容量存储问题，并能提供极快的检索速度，满足了能耗数据采集和展示的实时性要求。原始数据的保留为大数据分析、用户增值服务分析提供了有力的支撑。

智慧能源云数据的分析和展示方式支持浏览器、手机、平板等，方便用户随时、随地对能耗数据进行各类监控、统计、分析，并能实现各类能源发生异常时的告警提示、能耗预测等功能。

2. 智慧能源云的功能

宝信智慧能源云支持分类能耗，可以对目前遇到的各类能耗进行采集、分析，包括：电、水、气（天然气或者煤气）、集中供热耗热、集中供冷耗、集中热水供应量、煤、油、可再生能源等。

支持各类能源的分项采集、展示和分析。典型地，电的分项能耗：照明插座用电、空调用电、动力用电、特殊用电，并允许自定义扩展分项类型。

实现各类能源数据的汇总分析，包括：建筑总能耗（折算各分类能耗折算的标准煤量之和）、总用电量、分类能耗量、分项用电量、单位建筑面积用电量等。

可以按照分类、分项、分户、分区、支路对各类能源数据、成本进行各种统计分析、同比环比对比、累计分析。宝信智慧能源云分析画面如图 10 - 19 所示。

和同类建筑的标杆建筑物的能耗指标、同类建筑物的平均水平进行对比分析，有助于制定节能策略降低企业碳排放，提高企业节能管理水平，实现降低管理成本增加综合效益的目的。

提供允许控制设备的个性化定制模式与计划控制电器的服务。

提供可配置的能源告警服务，展示相关支路设备出现的用电异常情

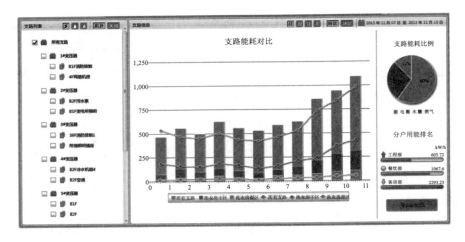

图 10 - 19　宝信智慧能源云分析画面

况，当异常发生时，系统都会实时记录，并给出告警信息。管理人员、工程人员都可以根据分类及时间条件、查看异常历史记录，系统能够分析出重点用能设备异常情况频率。

对部分类型建筑，提供能耗数据预测功能，对预测和实际消耗进行比对分析，帮助用户优化流程、寻找节能空间。

结合宝信公司"宝之云"服务平台，宝信软件将进一步在多行业应用中开展大数据运营服务，建立统一的数据中心，实现标准化数据接口，加强企业级数据集成与协作，全面推动能源云服务应用。

【案例5】山东省计算中心

山东省计算中心（以下简称：计算中心）成立于1976年，隶属于山东省科学院，是山东省成立最早的专业从事信息技术研究的公益性科研机构，为全额拨款的事业单位。

目前，计算中心建有一个国家级平台——国家超级计算济南中心，一个省级重点实验室——山东省计算机网络重点实验室，一个省级重大科研平台——云计算及数据灾备平台，两个省级工程技术研究中心——山东省信息系统测评工程技术研究中心、国家高档数控工程技术中心山东分中心，深入开展高性能计算、云计算及灾备技术、计算机取证、智能感知与控制、物联网、无线通信、语音通信、高档数控等方向的研究。通过人才和技术研究的不断累积，在高性能计算、云计算、计算机取证、智能感知与控制等研究领域跻身国内前列。

在节能减排领域，计算中心一直积极参与信息技术相关领域节能标准的研制。计算中心自主研发的基于物联网的绿色数据中心环境在线监测与能效优化系统和基于四旋翼平台的移动传感网系统方面的研究取得了丰硕的成果，得到节能减排领域专家的一致认可。

绿色数据中心解决方案与实践

本案例根据国家发展节能环保产业以及物联网技术研发和示范应用的要求，研究工业节能标准体系，开发基于物联网技术的能耗监控和节能评估软件系统，率先将其示范应用到绿色数据中心能耗监控和节能评估上，并根据系统的运行情况进行完善。

本案例的目标是在整体的设计规划以及机房空调、UPS、服务器等IT设备、管理软件应用上，要具备节能环保、高可靠可用性和合理性。

1. 系统架构

利用物联网技术，以无线或 IP 网络的方式对数据中心的能耗情况进行采集，依据机房的节能策略对机房的能耗情况进行评估，并根据节能的评估结果，采用不同于传统机房整体环境能耗的控制技术，而是根据能耗热点的不同，实现 IT 微环境（具体到机架和 IT 设备）降耗的精准控制。整个系统的人机界面采用三维建模，逼真展现机房环境和能耗情况及节能效果，最终使得绿色数据中心实现 SAVE（Sensing：感知，机房数据，特别是微环境数据能够采集，针对现有机房，采用不用布线的物联网技术更有优势；Action：针对机房的能耗情况进行节能控制操作；View：设备、信息看得见，找得到，使用三维虚拟现实技术更直观；Evaluation：对机房进行节能评估。）系统架构如图 10 - 20 所示。

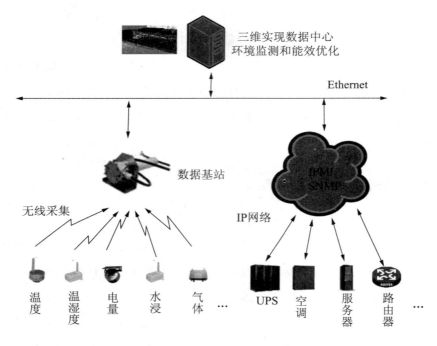

图 10 - 20　系统架构

2. 关键技术

系统采用的关键技术如下：

（1）数据中心动力环境及微环境相关数据采集的无线化和网络化；

（2）通过 CFD（Computational Fluid Dynamics）技术对数据中心气

流分布进行分析；

（3）建模分析，包括路损耗测量模型、电能质量测量模型、能源使用效率模型。

主要无线采集设备相关技术参数如下：

（1）超低功耗无线温湿度传感器。

- 无线通讯频率：2.4 GHz；

- 无线通讯距离：＞300 m（2.4 GHz、开阔地）；

- 温度测量范围：－40 ～ ＋125℃；

- 温度测量精度：±0.3℃ ±2.5%（rdg－25℃）；

- 相对湿度测量范围：0.5% RH ~ 100% RH；

- 相对湿度测量精度：

  ＜10% RH：±1.8% RH ±20%（rdg－20% RH）；

  10% RH ~ 90% RH：±1.8% RH；

  ＞90% RH：±1.8% RH ±20%（rdg－90% RH）；

- 测量周期：45 s（3.6 V、典型值）；

- 平均工作电流：≤7 μA（3.6 V）；

- 电池寿命：≥6 年；

- 外壳材料：增强型耐高温 ASA 树脂；

- 外形尺寸：45 mm ×24 mm ×18.5 mm（长 × 宽 × 高）；

- 防护等级：IP56。

（2）超低功耗无线温度传感器

- 无线通讯频率：2.4 GHz；

- 无线通讯距离：＞300 m（2.4GHz、开阔地）；

- 温度测量精度：±1.5℃；

- 温度测量范围：－55 ～ ＋150℃；

- 温度测量周期：4 s（超温）、16 s（告警）、30 s（正常）；
- 平均工作电流：< 3 μA（3V）；
- 电池寿命：≥10 年；
- 外形尺寸：Φ31mm × 12 mm；
- 外壳材料：不锈钢；导热材料：紫铜；
- 防护等级：IP68。

（3）超低功耗无线水浸传感器

- 无线通讯频率：2.4 GHz；
- 电极绝缘电阻：≥10 MΩ；
- 探测灵敏度：< 50 kΩ；
- 工作环境温度：−20 ～ +80℃；
- 线信号发送周期：60 s（典型值）；
- 平均工作电流：≤3 μA（3.6 V）；
- 电池寿命：≥10 年；
- 状态确认时间：6～9s；
- 外形尺寸：45 mm × 24 mm × 20 mm；
- 外壳材料：增强型耐高温 ASA 树脂；
- 防护等级：IP68。

（4）超低功耗无线门开关传感器

- 无线通讯频率：2.4 GHz；
- 工作环境温度：−20 ～ +80℃；
- 平均工作电流：≤3 μA（3.6 V）；
- 电池寿命：≥10 年；
- 线信号发送周期：60 s（典型值）；
- 状态确认时间：闭合 5 s，开放 2 s；

- 外形尺寸：45 mm×24 mm×18.5 mm；
- 外壳材料：增强型耐高温 ASA 树脂；
- 防护等级：IP68。

（5）超低功耗 SO_2 气体传感器

- 无线通讯频率：2.4 GHz；
- 工作环境温度：−10 ~ +50℃；
- 量程：$0 ~ 1×10^{-6}$
- 分辨率：$0.01×10^{-6}$
- 重复性：±2% FS
- 响应时间：30 ~ 40 s
- 线信号发送周期：60 s（典型值）；
- 外壳材料：增强型耐高温 ASA 树脂；
- 防护等级：IP68。

（6）数据传输基站

- 无线通讯频率：2.4GHz；
- 天线：鞭状天线、10 dB 螺旋天线；
- 灵敏度：−90 dB（或与 0 dB 传感器开阔地通信距离 >300m）；
- 供电电压：DC 9 ~ 24 V；
- 工作电流：<60 mA（12 V）；
- 工作环境温度：−20 ~ +65℃；
- 可管理传感器数量：65536 个；
- 通讯接口：RS−485；
- 平均无故障工作时间（MTBF）：>50000 h；
- 安装支架/底盖材料：不锈钢；
- 主壳体材料：增强型 ABS 塑料；

- 天线外壳材料：增强型 ASA 树脂；
- 外形尺寸：300 mm × 125 mm × 125 mm；
- 防护等级：IP68。

该系统的主要优势如下：

（1）物联网技术实现数据的采集。无线的方式实现对机柜内部温度、湿度的采集，同时实现对机房整体温湿度、门禁、水浸、各配电回路电量等数据的采集；通过 IP 网络，采用 SNMP、IPMI 技术，实现对空调、UPS、路由器、交换机、PDU、服务器等设备相关数据的采集，对机房现有布线改造，系统部署简单。

（2）三维人机界面展示，设备及机房运行环境，特别是与数据中心能效评估所需数据环境，如温湿度云图、服务器负载情况等，展示更加逼真，操作更加清晰明了。

（3）通过 CFD（Computational Fluid Dynamics）技术对数据中心气流分布进行分析，发现气流滞留点，能有效改进数据中心布局提供依据。

（4）对机房相关设备建立线路损耗测量模型、电能质量测量模型、能源使用效率模型，对机房的能源使用情况进行建模分析，并提出节能措施，部分节能措施可控。在掌握相关运行数据的基础上，建立绿色数据中心能源使用效率评估体系。

3. 经济社会效益及推广前景

目前，传统机房环境监控系统仅能进行粗颗粒度的管理，无法做到精细化管理。国内数据中心的 PUE 平均值基本都在 2.5 以上，欧美地区的 PUE 普遍值 1.8 以下，有 20% ~ 30% 节能空间。本项目的成功实施，将有助于实现数据中心的动力系统精细化管理、实现节能降耗目标，且随着我国绿色数据中心概念的普及、国家和大众节能意识的增强，产品可被市场广泛接受，将实现更大的经济效益。

本项目的实施，积极响应国家政策，实现能源的合理利用，减少能源的消耗，促进国家"十二五"规划有关节能减排约束性指标的完成；有利于改善大气热环境，实现可持续发展；是建设节约型、和谐型社会的需要，且有利于机房节能工作的建开展，因此，本项目的实施节约能源同时，符合国家可持续发展政策，带来的经济、社会效益巨大。

国内通信行业五大运营商通信机房总数量约为 25 万个，且每年以 3% 的速度持续增长，其他行业的机房数量也在增长，所以机房节能的潜力非常大，市场前景非常可观。

【案例6】 青岛海尔能源动力有限公司

青岛海尔能源动力有限公司（以下简称：海尔能源）由海尔集团公司投资，成立于 1993 年，位于青岛高科技工业园海尔工业园，占地面积 78 亩[1)]，约为海尔工业园整体面积的 1/6，公司内部共设有变电、污水、供热、空压机、电讯科五大站。主要负责海尔集团内部水、电、蒸汽、压缩空气等基本能源供应，包括工业园废水处理以及设备、管道的安装等。仅 2013 年一年公司就为青岛工业园区提供蒸汽 12.52 万 t，提供压缩空气 9436 万 m^3，提供电 15720.6 万 $kW \cdot h$，处理废水 6 万 t，总收益 6 亿元左右。

海尔集团能源信息化总控项目

近年来，海尔能源在企业能源管理信息化方面取得了一定的成绩，但是能源管理的模式以及能源调度和管控自动化水平，仍然落后于集团

---

1)　　$1m^2 = 0.0015$ 亩

生产经营信息化步伐，仅在能源管理的某些专业领域建立了局部的采集、监视和控制自动化系统，就整体而言，海尔能源能源管理的手段、人力资源和信息化水平不高，主要表现在：（1）能源从输入到使用的各个环节使用效率不高，能源综合利用水平有待提升；（2）能源平衡调度信息缺乏，能源的产生和使用过程综合利用效率低；（3）能源系统运行稳定性有待提高，异常情况下的调度手段单一，反应速度慢；（4）能源设备装备水平低，与公司所需安全、稳定、快捷的生产格局不相匹配；（5）关注局部工艺技术节能，工序间联系较少，没有"系统节能"的科学技术评价和节能效益评价平台体系，不能达到最终的节能效果。为了进一步提升企业综合管理能力，降低生产成本，减少能源消耗，提高生产效率，适应现代化企业对能源管控体系的要求，海尔能源将进行集团能源信息化总控项目建设，建立一套集过程监控、能源管理、能源监控为一体的信息化能源管理系统，对全国十三个海尔工业园区能源介质（电力、水、天然气、蒸汽、压缩空气）等进行统一监控和集中管理。

1. 系统架构

集团能源管理中心系统基本架构如图 10 – 21 所示，从功能层次上分为以下三个部分。

（1）集团总部能源管理层（L_3）。集团总部能源管理层（L_3）主要实现能源数据管理、统计、分析、预测等功能，包含数据关系数据库服务器、应用/Web 服务器、操作员站、工程师站、打印机、时钟同步系统等设备。

（2）园区能源监控与调度层（L_2）。园区能源监控与调度层（L_2）主要是收集各事业部底层数据采集层传送的信息，并对采集的数据进行实时显示、统计分析、趋势记录和报警，实现对本园区各种能源介质的

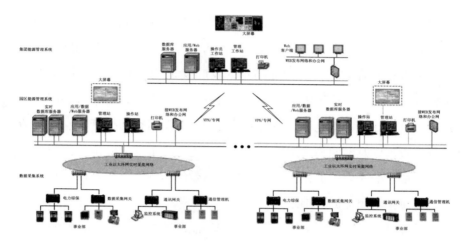

图 10 −21 系统架构

生产、输送、消耗流程的实时监控和调度。它由数据采集/实时数据库服务器、WEB 服务器、操作站、工程师站、打印机等组成。

（3）各园区现场数据采集系统（L_1）。各园区现场数据采集层（L_1）主要实现本公司现场能源数据的采集，并把采集到的数据上传给本园区能源监控与调度系统。数据采集系统主要由能源数据传输网络和现场的数据采集站组成。

系统采用高速工业以太网和千兆中央以太网的两层结构，C/S 和 B/S 混合模式。中央以太网用于连接实时数据库服务器、历史数据库服务器、操作员站、工程师站、应用服务器、GPS 服务器、网络打印机。高速工业以太网用于连接实时数据库服务器与现场数据采集系统、网关及通讯管理机等。在各园区考虑建设工业环网光纤骨干网。根据园区实际情况，设置环网节点交换机，组成高速工业环网，临近采集站星型接入节点交换机。

2. 关键技术

通过能源信息总控项目的建设，可实现对全国十三个工业园区扁平化能源监控与管理，完善能源计量仪表、合理分布能源计量点、自动精准采集能源数据，并完成能耗数据的预测、分析，优化能源调度，降低能耗成本；宏观上把控能源症结点，及时发现能耗弊病、发掘节能潜力；同时面向管理层提供投资回报率 ROI 计算、节能改造、节能制度制定等决策性建议；从能源规划与节能管理、能源运行维护管理、能源绩效分析管理以及能源平衡调度方面实现真正意义上的能源信息化职能管控，以最少的人力、最先进的手段、最高效的体制、最完备的信息，全面提高海尔集团能源管理水平。

系统设计采用实时数据库实现对现场能源数据和能源设备的采集和控制，并对采集的数据进行计算、分析、统计等功能。系统在中心配置基于集群技术且可实现互为冗余的实时数据库服务器，实现对整个能源系统的数据采集和控制。系统通过分布在全公司各数据采集站收集能源管理系统需要的基础能源数据，这些数据被集中到系统实时数据库中，在实时数据库中对这些数据做分析处理，例如量程转换、高低限比较报警，历史趋势数据记录等。

该系统可实现能源调度监控、过程监控、远程控制、潮流监控、报警功能、趋势功能、事件记录、网络监视与管理、移动终端 APP 应用，通过分散控制、集中管理和组态操作的手段，最终实现集团能源规划与企业节能管理。

3. 经济社会效益及推广前景

海尔能源承接国家"十二五"节能低碳目标规划，通过信息化能源管理系统手段，实现集团生产计划及能源利用的合理性，降低集团能源消耗，提高经济效益；据数据统计，实施信息化总控项目后每年可取得至少 2% ~5% 的直接经济效益。

该系统可实现生产调度及计量、自动生产记录、自动成本考核、自动 KPI 考核、能源信息的动态图示、设备维护管理、优化生产计划和调度、用能的财务分析、对外信息沟通平台、手工录入等一系列功能，真正实现生产用能管控的信息化、网络化，具有重大的经济及社会效益。

系统将建成集信息化、自动化技术的企业能源数据采集、处理和分析、控制和调度、平衡预测和能源管理等功能的能源管理平台。该平台将覆盖集团在国内 16 个生产园区，因各园区地理跨度大，园区之间差异大，且能源采集点众多，功能要求复杂，故而该项目建成后将成为工业企业能源管理系统的一大里程碑。

【案例 7】朗德华（北京）云能源科技有限公司

朗德华（北京）云能源科技有限公司（以下简称：郎德华）于 2009 年 5 月成立，注册资金 1200 万，朗德华是国家认定的高新技术企业，拥有双软认定企业和建筑智能化专业资质，自主创新三十余项国内、国际发明专利，是中关村 TOP100 企业，"全国百家节能先进典型"（国家节能中心），北京发改委节能示范项目推荐单位，"建筑（群落）能源动态管控系统优化技术"入围国家发改委 2012 年《国家重点节能技术推广目录（第五批)》。

朗德华专注于智慧能源、城市建筑（群落）能源管控、能效电厂等节能技术和产品的研发和生产，提供智慧能源整体解决方案。可提供智慧能源、城市电力需求侧、分布式能源、建筑（群落）能源优化等领域信息化计量监测、管控优化、节能服务等系统产品和软件平台，满足智慧能源、企业能源计量监测和管控中心的建设需求。

昆仑饭店示范项目

昆仑饭店示范项目建设结合企业和政府的多重需求，从务实角度出发，将平台项目建成北京市星级酒店行业，以及朝阳区能耗重点示范项目，继而扩展应用推广范围，加强对本区重点能耗企业监督和管理，为评价企业能源利用状况提供重要的手段和技术支持，从而实现区政府节能减排的责任目标。

为了实现昆仑饭店自身智慧能源体系，加强对能耗监测和重点能耗设备的控制，太阳能的控制，储能的技术的控制，使节能减排工作达到统一监管，分散控制的整体效果，本项目平台建设将分三个子系统进行：

（1）昆仑饭店节能监控平台

- 企业能耗监测中心系统；
- 企业节能控制优化系统；
- 企业能耗监测大屏展示系统。

（2）光伏发电

- 建筑与光伏系统相结合；
- 建筑与光伏器件相结合。

（3）储能设备

- 蓄电；
- 蓄热。

昆仑饭店示范项目充分利用节能监控平台、光伏发电、储能设备等三大板块，按照国家标准在重点用能设备及能源和能耗重要节点安装监测仪表，且平台具有兼容性、多功能性和可扩展性、保密性等特点，采用云计算、物联网技术，实现对昆仑饭店中每一台用能设备的能源数据的监测、存储、分析和应用，构造昆仑饭店整体能源控制、优化和再分配体系，最终通过设备工艺控制、系统优化、区域管理等节能方式保障昆仑饭店示范项目的目标实现。

1. 系统架构

昆仑饭店示范项目采用入选 2012 年国家发改委发布的《国家重点节能技术推广目录（第五批)》中的"建筑（群落）能源动态管控优化系统技术"，以云架构为基础的物联网能源动态管理控制，创建绿色建筑和酒店示范项目，以示范项目建设的方式保障建筑光伏一体化和绿色建筑标准的实施，推进光伏一体化技术和产业化成果转化。

昆仑饭店示范项目采用储能设备加上光伏发电再配上节能监控平台，形成一个良性的循环，做到储能、节能、调度、监控合理分配，按需供给，满足节能、优化的需求，系统架构图如图 10 –22 所示。

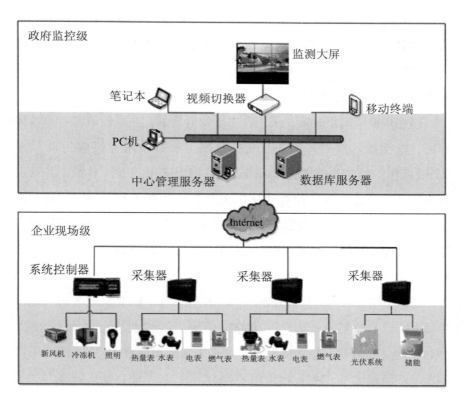

图 10 –22　系统架构图

2. 关键技术

"智慧能源"将提升中小节能服务公司的信息化技术水平，并赋予能源管理领域更大的内涵并改变"智慧能源"企业的运营模式。过去几乎所有能源管理软件应用都是装在用户端或者局端数据库上运行的，但今后通过"智慧能源"，更多地应用能够以互联网服务的方式进行，单机版管理软件将会逐步淘汰。

"智慧能源"系统为朗德华自主研发的一套方案，在 2011 年至 2013 年持续投入大量资金，各项测量仪表（智能电表、智能水表、智能气表），采集器，企业能耗监测中心，企业节能控制优化中心等核心产品及数据都是由公司自主研发。于 2014 年投入示范项目，整套方案以"硬件 + 软件 + 服务"的模式，实现创能、储能、调度、节能、优化的效果。

3. 经济社会效益及推广前景

朗德华响应国家政策，采用自主研发的技术，在本领域起一个带领作用，推动技术发展，促进产业化发展。项目采用"终端定制" + "渠道合作"的商业模式进行运作。项目响应"十二五"政策，并且符合现阶段的社会需求，针对北京机关办公楼、酒店、商超、高校、医院、轨道交通、机场高端服务区、工业企业等重点节能领域提供切合实际的企业能源管控，未来三年企业能源管控中心系统将广泛的应用到这些领域中。

2011 年至 2014 年，整套系统广泛投入市场，就北京地区的示范性项目，有"北京昆仑饭店""北京新侨饭店""北京石油化工学院""水利部办公楼""北京饭店"等，预期未来三年实现 50 家示范性项目建设，产值过亿元，建立全国示范影响力，实现产业化模式的推广。

【案例8】 北京泰豪智能工程有限公司

北京泰豪智能工程有限公司（以下简称：泰豪智能）注册资金一亿元人民币，以"致力信息技术应用，创导智能节能生活"为宗旨，以"为国节能、为民节资"为己任，围绕智慧能源、智能建筑等主营业务，提供专业的能源产品、技术及智能节能解决方案。

泰豪智能先后承接了人民大会堂、故宫、国家博物馆、上海世博中心、奥运工程——国家会议中心、新中国国际会展中心等上千项重大工程，并荣获多项荣誉，连续七年被评为智能建筑行业十大品牌企业，连续四年连任中国节能协会副理事长单位，总资产5亿元人民币，13年实现营业收入6个多亿。

围绕智慧城市的建设需求，泰豪智能依托于智能建筑、能源等方面的丰富行业经验及大型项目的实施能力，通过与科研院所开展深入研发合作，从智慧城市顶层规划、智慧能源、智慧建筑、智慧园区、智慧交通等多个领域全面发力，为中国智慧城市的建设服务。

某城市能源与环境监测管理平台

某城市能源与环境监测管理平台项目通过应用互联网、云计算、大数据技术对城市工业、建筑、交通、城市照明等能耗进行实时监测并分析，通过3E（经济、环境、能源）模型，构建城市经济、能源、环境三者之间的逻辑关系，为城市的经济、环境、能源和谐规划提供决策支撑体系，并带动相关产业发展。

项目主要建设内容包括：一个市级监测管理的综合平台；七个职能监测管理的行业平台（电力需求侧管理、工业企业、交通运输、公共建筑、城市照明的能耗监测，新能源与可再生能源应用监测、环境监测）；基于云存储、云计算技术，充分与某市综合办公平台及智慧城市的规划、建设相融合的统一的数据中心、交换中心及安全认证体系；基于物联网、高可复用性的企业、建筑、项目的现场能耗、环境数据的采集监测终端。

1. 系统架构

能源与环境监测管理平台的系统架构图如图 10 – 23 所示。

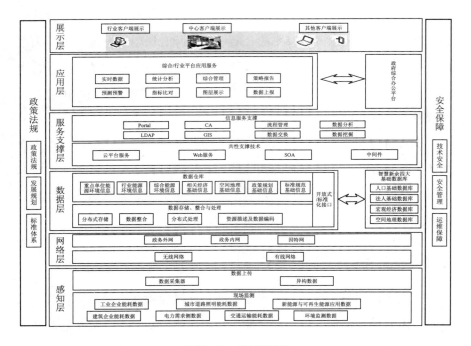

图 10 –23 系统架构图

能源与环境监测管理中心，从系统逻辑结构角度考虑，我们提出整体"六横二纵"的框架结构，其中横向有六个层面，包括感知层、网络层、数据层、服务支撑层、应用层及展示层，纵向有两个层面，包括政策法规、安全保障。

系统采用云架构，建设 IaaS 云，满足能源与环境监测管理数据的存储、计算，并能与智慧城市规划建设的政务云融合，实现资源共享。

2. 关键技术

采用云计算技术整合政务系统内各类 IT 资源，基于虚拟化技术，实现内部计算、存储、网络等资源共享、灵活分配，使得信息类工作人员能聚焦政务核心业务发展。

采用物联网技术，利用感知技术和智能装置对能耗情况进行识别，通过互联网、移动通信网等网络的传输互联，提升人对物理世界实时控制、精确管理和资源优化配置能力。

采用基于"一张图"的 GIS 技术统一框架，将能源与环境监测数据与地理空间信息有机地组织起来，实现能源、环境数据与区域空间地理信息资源的整合，为城市管理提供可视化的信息共享服务和决策分析支持。

项目使城市的节能减排管理工作由繁变简，由海量人工处理变为智能化计算机处理，由传统纸质报送变为自动化网络传输，为管理节能减排工作、挖掘节能减排潜力提供明亮的"眼睛"和专业的"大脑"。同时，帮助城市管理者掌握能源/环境/经济的现状与发展趋势，根据城市未来发展情景的设定，科学决策城市经济社会发展的中、长期规划，科学制定产业结构调整、能源结构优化、环境质量改进等长效机制和政策，帮助政府管理部门建立、完善节能减排组织管理体系、政策法规体系、监督考核体系、技术支撑体系及市场服务体系等。

3. 经济社会效益及推广前景

通过此项目建设，透视解析运行管理中所存在的问题，优化运行、管理策略，实现精细化管理，促进管理节能 5% ~10%；通过专家管理系统的分析、提示采取必要的技术措施进行改造,从而进一步实现技术节能 20% ~ 50% 。

通过在线实时监测,一方面避免节能减排信息获取的滞后性和被动性,另一方面也便于节能减排预警调控;通过综合监测管理平台的专家管理系统应用,以数据说话,帮助管理部门建立、完善的节能减排组织管理体系、政策法规体系、监督考核体系、宣传培训体系、技术支撑体系和市场服务体系,并通过节能技术及产品应用,带动产业发展。

国务院《"十二五"节能减排综合性工作方案》制定的主要目标是:到 2015 年,全国万元国内生产总值能耗下降到 0.869 吨标准煤,比 2010 年下降 16%;"十二五"期间,实现节约能源 6.7 亿吨标准煤。2015 年,全国化学需氧量和二氧化硫排放总量分别控制在 2347.6 万 t、2086.4 万 t,比 2010 年下降 8%;全国氨氮和氮氧化物排放总量分别控制在 238.0 万 t、2046.2 万 t,比 2010 年下降 10% 。

要达到综合减排的工作目标,首先要做的就是建立能耗的监测体系和手段,搞清楚真实的能源使用状况、能耗使用水平、能源结构状况、节能潜力情况。因此在全国各个城市、工厂、建筑、交通等行业建立先进的能耗监测系统势在必行。在我国各级城市的工业、建筑、交通领域具有广泛的应用前景。

【案例9】 施耐德电气有限公司

施耐德电气有限公司(以下简称施耐德电气)为世界 100 多个国家提供整体解决方案,其中在能源与基础设施、工业过程控制、楼宇自动化和数据中心与网络等市场处于世界领先地位,在住宅应用领域也拥有强大的市场能力。致力于为客户提供安全、可靠、高效的能源,施耐德电气 2012 年的销售额为 240 亿欧元，拥有超过 140 000 名员工。

凭借其对五大市场的的深刻了解、对集团客户的悉心关爱，以及在能效管理领域的丰富经验，施耐德电气从一个优秀的产品和设备供应商逐步成长为整体解决方案提供商。施耐德电气集成其在建筑楼宇、IT、安防、电力及工业过程和设备等五大领域的专业技术和经验，将其高质量的产品和解决方案融合在一个统一的架构下，通过标准的界面为各行业客户提供一个开放、透明、节能、高效的能效管理平台，为企业客户节省高达 30% 的投资成本和运营成本。

银河 SOHO 能效云服务

2013 年 7 月，中国的房地产企业之一 SOHO 中国与施耐德电气强强联合施耐德电气采用先进的"节能五步走"方法论和世界领先的能源管理系统帮助客户实现可持续发展，使用能效管理提供全生命周期的能效服务，管理系统采用硬件 + 软件 + 咨询服务的方式进行。管理平台包括监控能源消耗，识别节能空间，对能耗成本进行分析，从而预测能耗和设备的运行趋势，对能耗进行统计。通过分析，为客户提供节能咨询，对存在节能潜力的部分提供建议，提出相应的节能改造措施，从而优化运行保障。

SOHO 中国已建和在建项目 28 个，已开发面积：520 万 m^2。银河 SOHO 建筑面积 328 204m^2，2013 年总能耗 1700 万 kW·h，其中商业入住率 27.5%，办公率 83.6%，主要针对其中的电能、温度、PM2.5、热能等进行能源管理。SOHO 中国在能源管理侧也面临诸多挑战，自持物业规模大，能耗成本高，建筑结构复杂，进行完整能源计量比较困难，业态复杂导致负荷管理复杂，此外，客户对环境舒适要求非常高。为应对这些问题，施耐德推出了业内首个与 BIM 系统结合的商业综合体能源管理云平台，创建业内首个基于移动应用的能源管理APP，全生命周期提供节能咨询服务，帮助客户彻底看清实时能源数据能耗状况，节能顾问通过能耗趋势分析和现场勘察，帮助客户找到节能空间，并且通过优化运行机制采取节能措施，达到持续节能目的。

1. 系统架构及关键技术

能源管理节能中心的系统架构包括：

（1）基于云架构的远程能源管理平台，支持SOHO大型商业综合体的能效管理，配合咨询顾问提供更多节能服务；

（2）基于SOHO BIM平台，采用虚拟现实技术，支持物业精细化管理，提升运营效率，提升SOHO商业价值；

（3）基于碳咨询服务，帮助客户分析和优化碳排放和资源管理等方面的表现，从而提升客户的业务经营成绩；

（4）基于移动应用的能源管理APP，随时随地掌握集团能效，一键式微博发布，轻松展示SOHO绿色形象。

云能效™（EnergyMost™）是施耐德电气自主研发的能源管理开放平台，平台以电、水、热、气等多种能源介质为目标，提供可视化、一体化、经济性和具备大数据处理能力的能源管理服务；以云托管的服务形式，为用户提供能源信息的存储、展示、计算和分析，挖掘节能潜力，降低企业能耗。云能效能源管理开放平台及能耗概览见图10-24、图10-25。

多点地图导航
工作流协同分享
集团排名
能耗概览
分项展示
快速模块创建

能耗数据分析
结构化KPI
行业对标比较
能源目标设定
能源成本计量
碳排放计量

图 10 −24　云能效能源管理开放平台

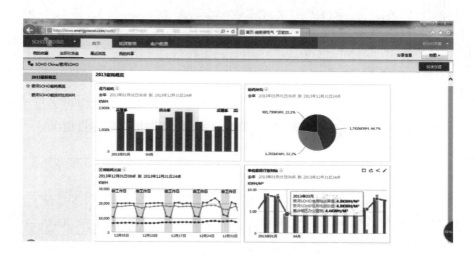

图 10 −25　能耗概览

　　基于移动应用的能源管理 APP，随时随地掌握集团能效，一键式微博发布，轻松展示 SOHO 绿色形象，帮助客户将能耗问题"看清楚"，如图 10 – 26 所示。

图 10 –26　能源管理 APP

2. 案例分析

系统监测了 SOHO 中国 B/C 塔能源使用的情况，热量用量呈现明显的工作日/非工作日交替变化的趋势，图 10 – 27 是热量用量情况。

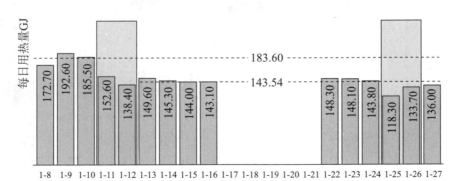

图 10 –27　B/C 塔热量用量变化

1 月 14 日起 B/C 塔热量用量明显下降，平均每日下降 40GJ，幅度 22%。

图 10 – 28 是 B/C 塔公共照明逐日用电趋势，公共照明呈现明显的工作日/非工作日交替变化的趋势。

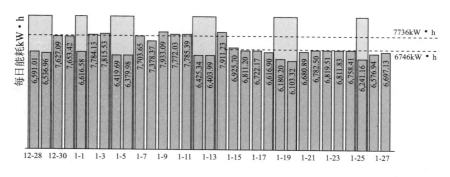

图 10 –28　B/C 塔公共照明逐日用电趋势

1 月 14 日起工作日公共照明用电显著下降，平均每日用电降低 990kW·h，下降幅度 13%。

综合各种能耗数据分析，得出下面的 B/C 塔能源环比（见图 10 –29）。

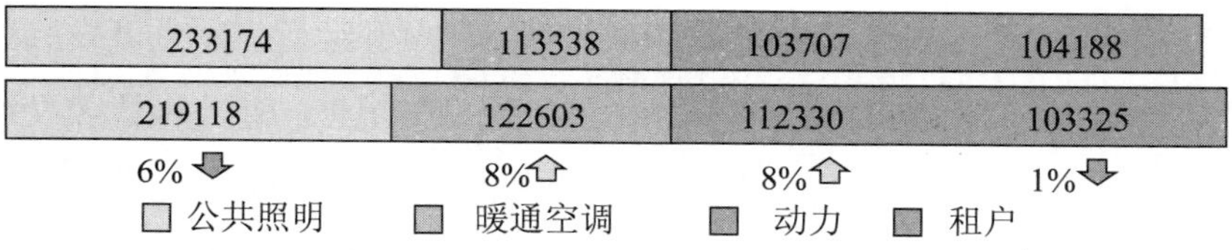

233174	113338	103707	104188
219118	122603	112330	103325
6% ⬇	8% ⬆	8% ⬆	1% ⬇

☐ 公共照明　　☐ 暖通空调　　☐ 动力　　☐ 租户

图 10 –29　B/C 塔能源环比

由此得到结论：2014 年 1 月能耗总体呈上升趋势，公共照明用电下降原因是采取了白天天井处部分照明关闭的措施，暖通空调用电上升原因为商业热风幕及空调机组的用电上升，动力用电上升原因为车库排风以及热力站用电的上升，租户用电略有下降。通过监测，帮助用户将能耗问题"想明白"。

根据以上初步结论，以及进行现场的调研，对存在节能潜力的耗能设施进行改造或进行有效节能策略控制，把能耗问题"做到位"。如针对办公层温度过高问题，通过完善楼控系统，实现风机盘管与回风温度联动，优化风机盘管的时间控制策略，实现每日节能量40GJ，节能率达到22%；针对公共照明过度开启问题，采取相应的节能行动，工作日白天办公层天井处自然采光良好，使用自然采光已经可以满足光照需求，除保留必要的装饰性用灯之外，关闭天井环形走廊处的其他不必要照明，实现每日节能量900kW·h，节能率达到13%，均有了明显的节能效果。

【案例10】 北京市中清慧能能源技术有限公司

北京市中清慧能能源技术有限公司（以下简称：中清慧能）是清华大学的节能低碳和能源管理方面国家课题的合作单位。同时由国内权威业内技术专家和海外留学团队组建的双软认证和高新技术企业。公司经营范围：能源管理和节能低碳领域的项目建设和运营、软件开发、技术咨询服务、项目投资、工程建设、产品研发与销售。业务模式和发展方向：以北京为中心，辐射苏州、深圳和东莞三地，分别在实验室基地、工程技术中心（博士后流动站）、能源管理事业部的建设和运营。中清慧能致力于区域平台包括节能减排综合示范城市的能源管控平台，城市能源信息公共服务平台；智慧城市的循环经济城市、园区规划和废物资源化等。

区域能源信息公共服务平台

广东省东莞市为做好"十二五"重点用能单位节能管理工作，东莞市经济和信息化局（以下简称：东莞市经信局）根据辖区重点用能单位的现状，建立了"重点用能单位能源信息管理平台"，将实现对全市重点用能单位的能耗监测、能耗分析、能耗利用状况报表及设备管理。该平台建设受到了国家能耗在线监测调研组的充分肯定，并被列为国家能源在线监测试点。随着节能管理工作的不断深入，现有平台难以满足东莞市节能主管部门合理制定当地节能策略、多部门高效协同管理、充分调动用能单位积极性、提高平台运行可持续性；东莞市经信局拟建设一个综合性的能源信息公共服务平台，以从多角度提高东莞市节能主管部门的节能管理水平。

本案例针对东莞市经信局等节能主管部门、辖区用能单位、节能服务商等在推进节能工作方面的业务管理、节能技术、能耗监测管理与决策分析等多方面的需求，结合东莞市现有信息化基础、网络环境基础、节能管理政策等条件，设计开发东莞市能源信息公共服务平台，全面整合东莞市现有资源，为东莞市节能降耗决策提供数据基础与技术支撑。

1. 系统架构

（1）平台系统总体架构

在分区域、分行业、分类别思路的基础上，采用智能终端采集器具，结合人工填报、相关信息系统批量对接等，对用能单位各类能源消耗信息、产品及经济信息等进行采集，选择经济合理的数据传输方式，实现对东莞市所辖用能单位的能耗数据进行分区域、分行业的系统分析、标杆对比、潜力分析。结合能耗监测系统、决策管理、节能技术数据库以及地理信息 GIS 等，建设东莞市能源信息公共服务平台。平台总体框架如图 10 – 30 所示：

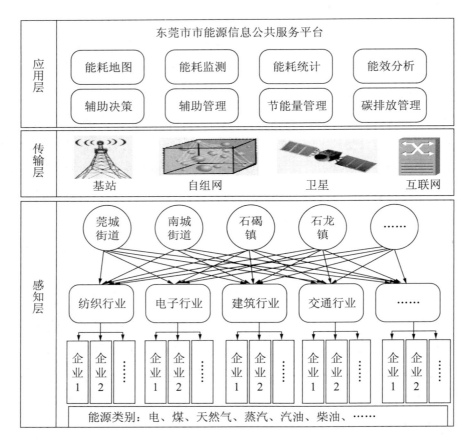

图 10 –30　平台总体框架

（2）软件系统总体架构

软件系统总体框架如图 10 – 31 所示。

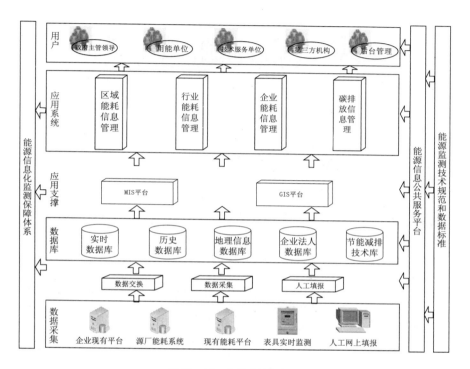

图 10 -31　软件系统架构图

（3）平台网络系统架构

　　采用智能采集终端设备，通过合理的数据通讯方式，实现能耗数据的传递与交换。并考虑与上级主管部门的相关能源信息系统的对接和数据整合。平台网络总体架构如图 10 -32 所示。

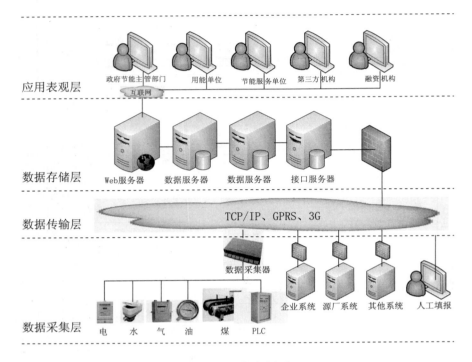

应用表观层

数据存储层

数据传输层

数据采集层

图 10 -32　网络系统架构图

2. 关键技术

系统采用的关键技术包括：

（1）区域能耗定额管理。根据辖区行业分布特点以及用能特征，合理分配国家分配的能耗指标。

（2）节能技术的评估。针对各项节能降耗技术，采用专家辅助综合评估模型进行线上系统评估，保障技术的先进性和可行性。

（3）节能量与碳排放量核算。

（4）节能减排潜力分析。基于先进适用节能技术数据库，自底向上综合分析辖区节能减碳潜力。

3. 经济社会效益及推广前景

通过本项目，可以有效降低辖区节能管理成本，带动辖区低碳节能产业，促进节能技术实际应用，促进企业节能降耗，形成企业第二利润增长点，并形成辖区碳资产。从而带动低碳绿色经济，提高节能管理水平，实现信息化促进节能减排，促进全社会节能风气的形成。

近年来，随着全球经济持续高速发展，世界能源消费量持续上升，各国能源安全和生存环境面临严峻挑战，纷纷采取相应措施以应对气候变暖、保障能源安全。随着节能工作持续推进，节能空间日益减小。要完成"十二五"期间"单位国内生产总值能源消耗降低 16%"的节能目标，任务十分艰巨。在产业结构和能源消费结构一时没有重大变化的现阶段，技术进步创新和加强能源管理无疑是推进节能工作的重要手段。

我国区域能耗管理平台建设尚处于初级阶段，普遍存在着缺乏宏观决策功能、多方互动性、多部门协同管理、以及可持续性运营等不足之处。本项目针对上述缺点，研究结合区域能耗管理的实际需求、当地现有能耗特征、区域行业分布特点以及现有信息化软硬件基础，综合采用物联网、地理信息系统 GIS 等先进技术，并融合应用包括区域能源需求预测、节能潜力预测、能耗指标分解以及节能技术评估方法等区域能耗管理辅助决策分析方法，为现阶段国内区域能耗综合管理提供必要的管理手段，是国内推进智慧城市、智慧能源管理方面必要的技术之一。

基于物联网的餐厨垃圾在线监管平台

针对餐厨垃圾的收运及处理等环节，本平台通过对区域收运和监管系统的完善，建立基于物联网技术的智能化收运监控系统。通过 RFID技术自动获取餐饮企业及垃圾桶的关联信息；同时利用 GIS 及 GPS、视频技术对餐厨垃圾车辆的行驶路线及收运过程进行监控；利用自主开发的智能集成控制器实现和服务端的信息交互。通过 RFID 技术及其他多种技术的深入应用，对收运各环节进行实时的数据采集和数据分析处理，可实现对餐厨垃圾收运过程的实时精准监控，是集智能感知和智能管理于一体的物联网应用系统，具有自动化、智能化、实时性的特点。

1. 系统架构

该平台系统的结构图如图 10 – 33 所示。

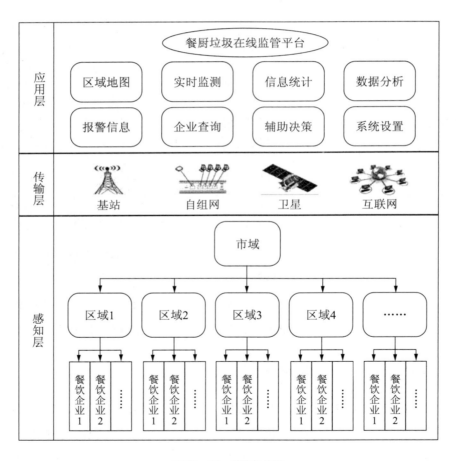

图 10 – 33　系统架构图

　　该平台包括感知层、传输层和应用层三个层次，在应用层形成包括实时监测、信息统计、数据分析、系统设置、报警信息等在内的餐厨垃圾在线监管平台，在传输层采用成熟的网络通信技术（如蜂窝网络、互联网等）进行数据的传输，在感知层利用智能数据采集与传输集成控制器，分区域对数据进行采集。

2. 关键技术

　　智能集成控制器采用高性能处理器为核心单元，能够实现对多种模拟、数字信号的采集与无线传输，可实现多项功能：具有433M近距离数据传输功能；具有RFID读写器功能，能够实现对电子标签信息的读取；具有WIFI功能，能够实现与WIFI热点区域的连接，实现大数据的无线传输；具有GPS功能，能够实现对移动设备的定位监控；具有3G功能，能够实现对数据的实时远程传输；能够搭载摄像头模块实现对视频数据的无线传输；同时丰富的扩展口使得该设备能够很好地拓展应用于包括工业自动化、车载设备等领域。

　　本项目通过构建集智能感知、收运高效、实时监控和管理优化于一体的餐厨垃圾在线监管平台，实现对餐厨垃圾收运的动态监控和实时管理，打造了一个源头可控、过程透明、可追踪、可回溯的餐厨垃圾收运安全放心工程。

3. 经济社会效益及推广前景

　　本项目的实施有助于推动基于物联网的智能化监控系统开发，促进餐厨垃圾收运系统的全信息化控制。建立专业化的、标准的餐厨垃圾收运信息实时沟通平台，避免餐厨垃圾随意处置或流入不法商贩的手中，有效解决了环境保护和市容环境卫生的问题。建立的基于物联网的餐厨垃圾收运平台，可以提高餐厨垃圾的流动效率，优化收运路线，降低收运成本，产生一定的经济效益。此外，该信息平台可推广应用于其他区域和领域，经济效益显著。

　　餐厨垃圾产生源较为分散、产生量不确定性大、成分复杂，加之灰色利益链潜藏深、产生信息不透明并且相关配套监管政策和法规缺失，致使餐厨垃圾收运量不足，收运品质低，因此建立一个基于物联网的、专业化的、标准的餐厨垃圾收运管理信息平台十分迫切。《国务院办公厅关于加强地沟油整治和餐厨废弃物管理的意见》中指出各地要创造条件建立餐厨废弃物产生、收运、处置通用的信息管理平台，对餐厨废弃物管理各环节进行有效监控。本项目提供的餐厨垃圾在线监管平台，技术成熟、运行稳定，通过功能定制可满足不同的市场需求，在其他地区复制推广具有较大的市场前景。

后记

　　智慧能源是一个全新且相对具体的概念，它把智慧地球和智慧城市的美好憧憬引伸下来，使其在新能源领域，特别是节约能源和合理利用能源的广泛区间落地生根，这应该是一件特别有意义的事情。

　　随着研究的深入，人们已经认识到关于智慧能源的理论探索和应用实践，不仅是传统能源生产、使用和管理在互联网时代的创新，同时也是在探讨和面对全球共同面临的挑战——能源危机。哪怕是在一个国家——中国，在一个领域——节能减排和低碳发展，在一个方向——提高能源使用效率，仅仅从这些有限的方面一点点做起来，就会对人类社会做出非常有意义贡献。

　　由于智慧能源的发展尚处初始阶段，作者的眼界和认识能力也极有限，因此本书所做的探索和研究一定相当肤浅。中国有句成语叫"抛砖引玉"，此书出版的目的就在于引玉。因为有这样的期待，所以希望在2014年7月"贵阳国际生态论坛"召开期间与参加智慧能源产业创新研究的同行们共同切磋，但由于时间紧张，使得这块砖头也很不像样，显得有些粗糙。好在有大家的帮助和支持，我们还有完善、补充、修改的机会，即使出现错误，也还有机会改正。在此要特别感谢中国光华科技基金会和中国质检出版社（中国标准出版社）的支持和关心，同时对帮助本书出版的同志一并致谢。

　　就在这本书刚刚脱稿的时候，6月13日，习近平总书记主持召开了中央财经领导小组第六次会议，专门研究了我国能源安全战略，提出要抓紧制定 2030 年能源生产和消费革命战略。习近平强调要在四个方面实行能源革命，包括：推动能源消费革命，抑制不合理能源消费；推动能源供给革命，建立多元供应体系；推动能源技术革命，带动产业升级；推动能源体制革命，打通能源发展快车道。同时还强调要全方位加强国际合作，实现开放条件下能源安全。这对智慧能源产业创新发展来说，无疑是强劲的利好。

无庸置疑，能源革命必将激励智慧能源产业在创新发展中前行。

著者

2014 年 7 月

参考文献

［1］杰里米·里夫金. 第三次工业革命［M］. 张体伟，孙豫宁，译. 北京：中信出版社，2012

［2］Trevor M. Letcher. 未来能源：对我们地球更佳的、可持续的和无污染的方案［M］. 潘楚尔，译. 北京：机械工业出版社，2011

［3］王毅，等. 智慧能源［M］. 北京：清华大学出版社，2012

［4］刘建平，等. 智慧能源——我们这一万年［M］. 北京：中国电力出版社，科学技术文献出版社，2013

［5］中关村标准故事编委会. 中关村标准故事［M］. 北京：电子工业出版社，2013

［6］戴彦德，等. 中国"十一五"节能进展报告［M］. 北京：中国经济出版社，2012

［7］《环球科学》杂志社. 能源与环境［M］. 北京：电子工业出版社，2012

［8］中国节能协会. 中国节能产业优秀成果 2013［C］. 北京：［出版者不详］，2013

［9］中国工业节能与清洁生产协会，中国节能环保集团公司. 中国节能减排发展报告 2012［M］. 北京：中国经济出版社，2013

［10］郭理桥. 中国智慧城市标准体系研究［M］. 北京：中国建筑工业出版社，2013

［11］刘虹，等. 绿色照明工程实施手册［M］. 北京：中国环境出版社，2011

［12］中国城市科学研究会. 中国低碳生态城市发展报告 2011［C］. 北京：［出版者不详］，2011

［13］中国标准化研究院，等. 中国用能产品能效状况白皮书 2012［M］. 北京：中国标准出版社，2012

［14］陈佳贵，等. 中国企业社会责任研究报告［M］. 北京：社会科学文献出版社，2012